国家精品在线开放课程配套教材
普通高等教育“十三五”规划教材

基础有机化学实验

（第二版）

江　洪　主编

科学出版社
北　京

内 容 简 介

本书是国家精品在线开放课程"有机化学"配套实验教材。全书共7章，主要包括有机化学实验基本知识、有机化合物物理常数的测定、有机化合物分离与纯化、色谱法分离提纯有机化合物、有机化学波谱技术分析、25个基础实验及16个综合实验。实验选编重视绿色化和微型化原则，强化分离和纯化操作训练，实验步骤层次分明，实验内容体现农林高校各专业特色，同时反映教师有关教学科研成果。为了规范实验操作和便于读者理解，书中提供了21个单元实验操作视频。

本书适合作为高等农林院校植物、动物、生物、资源环境、食品、水产等专业的教学用书，也适合其他专业选用。

图书在版编目(CIP)数据

基础有机化学实验/江洪主编．—2版．—北京：科学出版社，2018.11
国家精品在线开放课程配套教材　普通高等教育"十三五"规划教材
ISBN 978-7-03-059719-9

Ⅰ.①基…　Ⅱ.①江…　Ⅲ.①有机化学-化学实验-高等学校-教材
Ⅳ.①O62-33

中国版本图书馆CIP数据核字(2018)第262468号

责任编辑：赵晓霞 / 责任校对：何艳萍
责任印制：赵　博 / 封面设计：迷底书装

科学出版社出版
北京东黄城根北街16号
邮政编码：100717
http://www.sciencep.com
三河市骏杰印刷有限公司印刷
科学出版社发行　各地新华书店经销
*
2015年 6月第　一　版　开本：787×1092　1/16
2018年12月第　二　版　印张：10 1/4
2024年11月第十四次印刷　字数：243 000
定价：39.00元
(如有印装质量问题，我社负责调换)

《基础有机化学实验》编写委员会

主　编　江　洪

副主编　李雪刚　曹秀芳　徐胜臻

编　委（按姓名汉语拼音排序）

曹敏惠	曹秀芳	江　洪	李雪刚
马济美	马宗华	石　炜	徐胜臻
曾　贞	张青叶		

主　审　陈长水

第二版前言

本书第一版自2015年出版以来，得到了广大师生的大力支持，并提出了许多宝贵的意见。随着信息技术的发展，利用现代信息技术提升教材内涵和质量，与信息技术有机结合的新形态教材必将受到学生的欢迎。

本书在保持第一版特色的基础上，重点引入21个单元操作实验的相关视频，包括机械搅拌、旋转蒸发、减压过滤、热过滤、真空干燥、液体的干燥、b形管法测熔点、熔点的测定（熔点仪）、b形管法测沸点、常量法测沸点、折光率的测定、旋光度的测定、普通蒸馏、分馏、减压蒸馏、水蒸气蒸馏、碘的升华、萃取、索氏提取、薄层层析、柱层析。读者可扫描二维码点击“多媒体”观看本书的实验视频。随着智能手机和校园免费WIFI的普及，这些操作实验视频将对学生的规范操作起到良好的示范作用。

参与本书编写的人员主要有江洪、李雪刚、曹秀芳、徐胜臻、马济美、石炜、张青叶、马宗华、曹敏惠、曾贞。本次修订中曾贞对全文进行了细致校对。江洪负责教材大纲、统稿及全书内容的增补及定稿工作。本书经陈长水审阅修改。

单元操作实验视频的拍摄得到了华中农业大学教务处的大力支持，所有实验操作由曾贞完成，视频实验方案由江洪、徐胜臻、马济美等设计，视频后期剪辑由马济美和曾贞完成。

在本书编写过程中，编者虽然尽了最大努力，但由于水平有限，书中不妥之处在所难免，恳请读者批评指正。

编　者

2018年7月

第一版前言

本书以培养学生的实验能力与素质为目标，既加强基本操作和基本技能训练，又兼顾综合性实验训练，以利于学生综合素质及创新能力的培养。本书的编写体现了有机化学微型实验绿色环保的理念，结合农林院校各专业人才培养特色，精心设计实验项目和实验内容，实验内容既选择与工农业生产和生活相关的内容以吸引学生，又反映课程组教师有关教学的研究成果，如将课程组获得的国家级教学成果二等奖“农科有机化学微型实验的研究与应用”等相关内容引入课堂，使学生体会到有机化学对工农业生产及科学研究的基础性支撑作用。与本书配套的课程辅助教学体系较为完善，如实验操作多媒体指导法、实验纠错视频、电子课件等，方便自学，有助于提高学生的学习热情和积极性。

全书共7章。第1章为有机化学实验基本知识，包含学生实验守则、实验室安全知识，有机化学实验仪器与反应装置的介绍，玻璃仪器的洗涤与干燥，实验室加热、冷却、过滤、搅拌等基本操作，化学手册与文献的查阅和实验室的环境保护等内容。第2章为有机化合物物理常数的测定，包含有机化合物的熔点、沸点、折光率、旋光度等物理常数的测定方法与技术。第3章为有机化合物分离与纯化，包含普通蒸馏、分馏、减压蒸馏、水蒸气蒸馏、重结晶、升华、液-液萃取、液-固萃取等相关知识。第4章为色谱法分离提纯有机化合物，主要介绍薄层层析、纸层析、柱层析、气相色谱、高效液相色谱、电泳等相关知识。第5章为有机化学波谱技术分析，如红外光谱、紫外光谱、核磁共振谱、质谱在有机化合物结构鉴定中的应用。第6章为基础实验，主要包含基本操作实验、有机化合物的制备与合成实验、有机化合物性质与官能团测试实验，以及立体模型制作等25个实验，实验的选编体现经典性和代表性，根据无毒化、绿色化和微型化原则，强化分离和纯化操作训练。第7章为综合实验，该部分实验内容既体现实验层次和难易程度，同时体现农林院校各专业特色，以培养农林类院校各专业学生学习有机化学实验的兴趣。附录部分主要包括实验常用仪器成套装置图、常用溶剂的纯化方法、常见有机化合物的物理常数、多个实用性表格。本书实验规程可靠，实用性强，涉及的操作技术全面，便于训练学生基本操作技能，有利于提高学生动手能力。

参与本书编写的人员主要有江洪、李雪刚、曹秀芳、徐胜臻、马济美、石炜、张青叶、马宗华、曹敏惠、曾贞。曾贞主要负责附录中的部分内容，并完成了全部实验的验证工作。

本书经陈长水审阅修改。江洪负责教材大纲、统稿及全书内容的增补及定稿工作。

在编写过程中，编者参考了国内外教材和有关资料，并应用了一些图、表及数据(见参考文献)，在此一并致谢。

在本书的编写过程中，编者尽了自己的最大努力，但限于水平，书中不妥与疏漏之处在所难免，衷心希望同行与读者批评指正。

编　者

2015年4月

目　　录

第 1 章　有机化学实验基本知识

1.1　实验室的安全

在有机化学实验中经常用到易燃、易爆、有毒和腐蚀性药品，进行有机实验所用的玻璃仪器易碎、易裂，容易引发伤害、燃烧等各种事故。同时，实验室的电器等设备如果使用不当也易引起触电或火灾。然而，只要实验者具有实验的基本常识，实验中集中注意力，注意安全操作，严格执行操作规程，并采取适当的预防措施，绝大多数事故是可以避免的。为了防止事故的发生和事故发生后能及时处理，应了解如下安全知识，并切实遵守。

1.1.1　有机实验室的一般注意事项

(1) 实验开始前应按要求认真地进行实验预习，检查仪器是否完整、装置是否正确稳妥，实验室内的仪器、设备在使用前必须熟悉其性能和使用方法。还应弄清水、电、气的管线开关和标记，保持清醒头脑，避免违规操作。

(2) 实验进行中，不准随便离开，要经常注意反应进行的情况和装置有无漏气、破裂等现象。

(3) 进行危险的实验操作时，要使用防护眼镜、手套等防护设备。

(4) 实验中所用药品不得随意遗弃。对实验反应会产生毒气、恶臭、刺激性和腐蚀性气体的操作，必须在通风橱内进行，并按规定处理，以免污染环境，影响身体健康。

(5) 实验结束后洗手，严禁在实验室内吸烟或进食。

(6) 正确使用温度计、玻璃棒和玻璃管，以免玻璃管、玻璃棒折断或破裂而划伤皮肤。

(7) 熟悉灭火消防器材的存放位置和正确使用方法。

(8) 实验结束后，关闭水、电、气及实验室门窗，防止意外事故的发生。

1.1.2　实验室事故的预防、处理和急救

1. 火灾的预防、处理和急救

在使用易燃的溶剂时要特别注意：

(1) 应远离火源。

(2) 勿将易燃、易挥发液体放在敞口容器中，如不能用烧杯装有机物直接用火加热。

(3) 加热时切勿使容器密闭，否则会造成爆炸。

(4) 实验室不得存放易燃、易挥发物质。在使用易燃物质时，应养成先将乙醇一类易燃的物质搬开的习惯。

(5) 不得把燃着的或带有火星的火柴梗、纸条等乱抛乱掷，也不得丢入废液缸中，否则会发生危险。

(6) 一旦发生火灾，室内全体人员应积极而有序地参加灭火。

首先，立即切断电源，移走易燃物。然后，根据易燃物的性质和火势采取适当的方法进行扑灭。有机物着火通常不用水进行扑灭，因为一般的有机物不溶于水或遇水可能发生更剧烈的反

应而引起更大的事故。小火可用石棉布盖熄，还可用砂子扑灭，但容器内着火时不易用砂子扑灭。身上着火时，应就近在地上打滚将火焰扑灭。千万不要在实验室内乱跑，以免造成更大的火灾。

火势较大时，应用灭火器扑救。目前，实验室中常用的是干粉灭火器。使用时，拔出销钉，将出口对准火点，压下上手柄，干粉即可喷出。二氧化碳灭火器也是有机实验室中常用的灭火器。灭火器内存放着压缩的二氧化碳气体，适于油脂、电器、较贵重的仪器着火时使用。不管采用哪一种灭火器，都是从火的周围开始向中心扑灭。

(7) 回流或蒸馏低沸点易燃液体时应注意以下几点。

装置不能漏气，如发现漏气，应立即停止加热，检查原因，若塞子被腐蚀，则待冷却后，才能换掉塞子。

应放入数粒沸石、素烧瓷片或一端封口的毛细管，以防止暴沸。如在加热后才发觉未放入沸石这类物质时，决不能急躁，不能立即揭开瓶塞补放，而应先停止加热，待被回流或蒸馏的液体冷却后才能加入，否则会因暴沸而发生危险。

接收瓶不宜用敞口容器，如广口瓶、烧杯等，而应用窄口容器，如锥形瓶等。蒸馏装置中接收瓶的尾气出口应远离火源，最好用橡皮管引到下水道口或室外。

严禁直接加热。瓶内溶液量最多只能装至半满。加热速度应缓慢，避免局部过热。

油浴加热或回流时，注意避免水溅入热油浴中致使油溅到热源上而引起火灾。通常发生危险的主要原因是冷凝管上橡皮管不紧密，开水阀动作过快把橡皮管冲掉或者漏水。所以，橡皮管套入时要很紧密，开动水阀时动作要慢，使水缓慢通入冷凝管中。

2. 爆炸的预防

在有机化学实验里预防爆炸的一般措施如下：

(1) 蒸馏装置必须正确。常压蒸馏不能造成密闭体系，应使装置与大气相连通。减压时，要用圆底烧瓶作为接收器，不能用锥形瓶、平底烧瓶等不耐压容器作为接收器，否则会发生爆炸。

(2) 无论是常压蒸馏还是减压蒸馏，均不能将液体蒸干，以免局部过热或产生过氧化物而发生爆炸。

(3) 切勿使易燃易爆的物体接近火源，有机溶剂，如乙醚和汽油一类的蒸气与空气相混合时极为危险，可能会由热的表面或者火花、电火花引起爆炸。

(4) 使用乙醚时，必须检查有无过氧化物存在，如果有过氧化物存在时，应立即用硫酸亚铁除去过氧化物才能使用。同时使用乙醚时应注意在通风较好的地方或在通风橱内进行。

(5) 对易爆炸的固体，如重金属乙炔化物、苦味酸金属盐、三硝基甲苯等都不能重压或撞击，以免引起爆炸。对于这些危险的残渣，必须小心销毁。例如，重金属乙炔化物可用浓盐酸或浓硝酸使其分解，重氮化合物可加水煮沸使其分解等。

(6) 卤代烷勿与金属钠接触，因反应太剧烈往往会发生爆炸。

3. 中毒的预防

(1) 剧毒药品要妥善保管，不许乱放，实验中所用的剧毒物质应有专人负责收发，并向使用者提出必须遵守的操作规程。实验后对有毒残渣进行妥善而有效的处理，不准乱丢。

(2) 有些剧毒物质会渗入皮肤，因此接触这些物质时必须戴橡皮手套，操作后立即洗手，切勿让剧毒药品沾及五官或伤口。例如，氰化钠沾及伤口后就会随血液循环至全身，严重者会造成中毒死亡事故。

(3) 在反应过程中可能生成有毒或有腐蚀性气体的实验应在通风橱内进行,使用后的器皿应及时清洗。在使用通风橱时,实验开始后不要把头部伸入橱内。

如发生中毒现象,要让中毒者及时离开现场,到通风好的地方,严重者应及时送医院。当发现实验室漏煤气时,应立即关闭煤气开关,打开窗户,并通知实验室工作人员进行检查和修理。

4. 触电的预防

使用电器时,应防止人体与电器导电部分直接接触,不能用湿手或用手握湿物接触电源插头。为了防止触电,装置和设备的金属外壳等都应连接地线。实验结束后应切断电源,再将连接电源插头拔下。

5. 玻璃割伤的预防、处理和急救

玻璃割伤是有机化学实验中常见的事故。使用玻璃仪器时最基本的原则是:不得对玻璃仪器的任何部位施加过度的压力。

(1) 需要用玻璃管和塞子连接装置时,用力处不要离塞子太远,尤其是插入温度计时,要特别小心。

(2) 新割断的玻璃管或玻璃棒的断口处特别锋利,使用时要将断口处用火烧至熔化,使其成圆滑状。

玻璃割伤后,要仔细观察伤口有没有玻璃碎片,如有应用消毒的镊子取出。若为一般轻伤,应及时挤出污血,用生理盐水洗净伤口,并涂碘酒,再用绷带包扎;若伤口严重,流血不止,应立即用绷带扎紧伤口上部,使伤口停止流血,送往医院治疗。

实验室应备有急救药箱,内有:生理盐水、紫药水、碘酒、双氧水、饱和硼酸溶液、1% 乙酸溶液、5% 碳酸氢钠溶液、酒精、玉树油、烫伤油膏、万花油、药用蓖麻油、硼酸膏或凡士林、磺胺药粉等。还应备有洗眼杯、消毒棉花、纱布、胶布、绷带、剪刀、镊子、橡皮管等急救用具。

1.2　有机化学实验常用仪器及设备

1.2.1　有机化学实验常用玻璃仪器

玻璃仪器一般是由软质或硬质玻璃制作而成的。软质玻璃耐温、耐腐蚀性较差,但价格便宜,因此一般用它制作的仪器均不耐温,如普通漏斗、量筒、吸滤瓶、干燥器等。硬质玻璃具有较好的耐温和耐腐蚀性,制成的仪器可在温度变化较大的情况下使用,如烧瓶、烧杯、冷凝管等。

常用的玻璃仪器一般分为两类:普通玻璃仪器和标准磨口仪器。

在有机化学实验室,常用的非标准口的玻璃仪器有烧杯、吸滤瓶、布氏漏斗、玻璃钉漏斗、普通漏斗、分液漏斗等。

标准磨口仪器,即所有磨口与磨口塞的直径都采用国际上通用的统一尺寸,也是标准化做的玻璃仪器。标准磨口仪器根据磨口口径分为 10、14、19、24、29、34、40、50 等号。例如,14 号、19 号、24 号指的就是磨口的最大端直径分别为 14 mm、19 mm、24 mm。由于口径尺寸的标准化、系列化,磨口密合,因此凡属于同类型规格的接口均可任意互换,各部件能组装成各种配套仪器。对不同类型规格的磨口仪器，还可以通过相应尺寸的大小磨口接头使之相互连接。学生使用的常量仪器一般是 19 号的磨口仪器，半微量实验中采用的是 14 号的磨口仪器。常用的标准磨口仪器有圆底烧瓶、三口烧瓶、蒸馏头、冷凝器、接引管等，如图 1-1 所示。

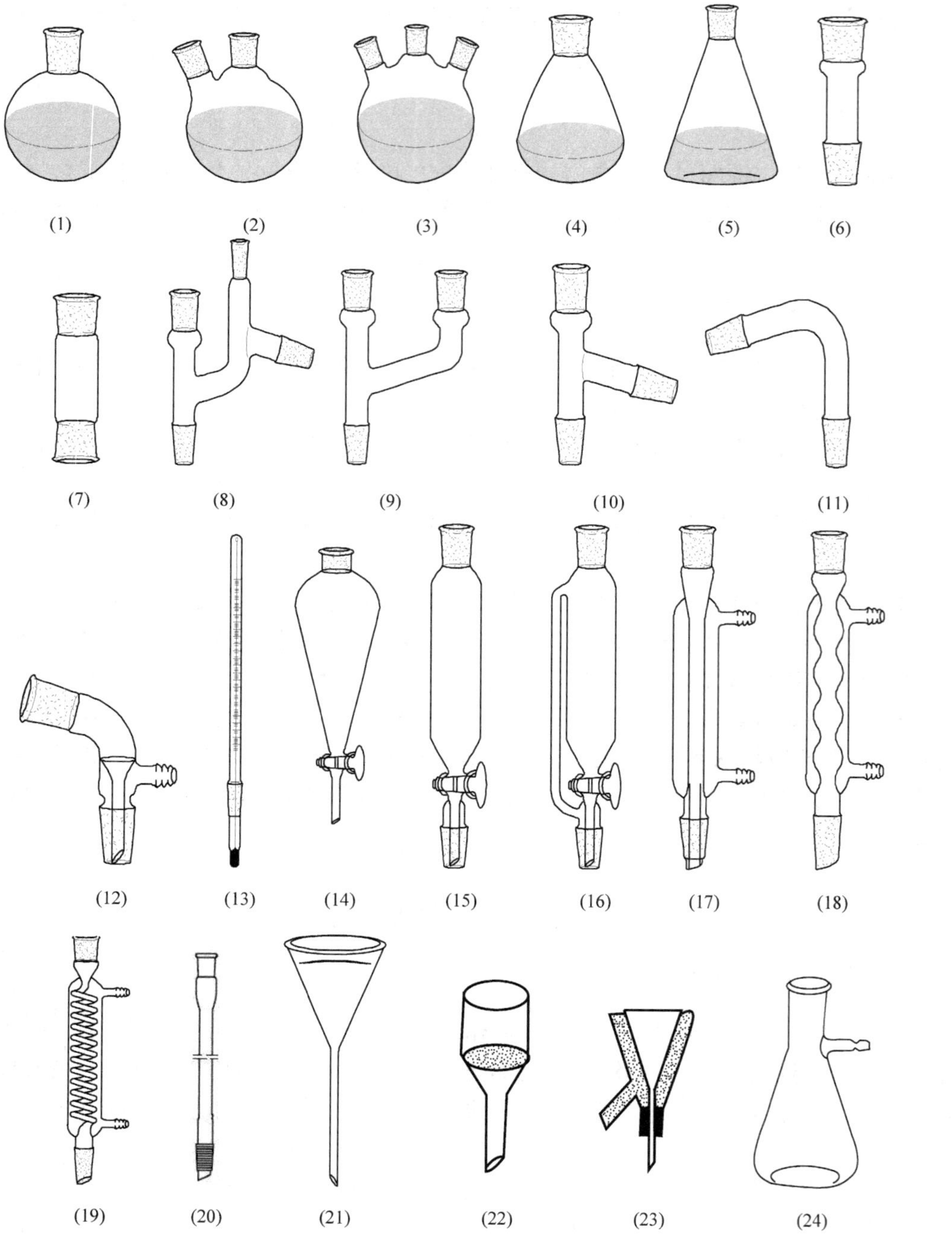

图 1-1　常用玻璃仪器

(1) 圆底烧瓶；(2) 二口烧瓶；(3) 三口烧瓶；(4) 梨形烧瓶；(5) 锥形瓶；(6) 大小接头；(7) 接头；(8) 克氏蒸馏头；(9) Y 形管；(10) 蒸馏头；(11) 弯管；(12) 真空尾接管；(13) 温度计；(14) 梨形分液漏斗；(15) 滴液漏斗；(16) 恒压滴液漏斗；(17) 直形冷凝管；(18) 球形冷凝管；(19) 蛇形冷凝管；(20) 空气冷凝管；(21) 长颈漏斗；(22) 布氏漏斗；(23) 保温漏斗；(24) 抽滤瓶

1.2.2　微型玻璃仪器

微型化学实验是近年来在国际国内得到迅速发展的化学实验新方法。它可节省实验试剂，缩短实验时间，增强学生规范化的实验操作技能，体现“绿色化学”和“环境友好化学”的精神。根据微型化学实验的特点和要求，国产微型玻璃仪器互相连接部位一般采用 10/15 标准磨口，可自由组装成能满足有机化学实验所需的各种实验装置(图 1-2)。

图 1-2　常用微型玻璃仪器

1.2.3　机电设备

1. 烘箱

实验室一般使用的是恒温鼓风干烘箱(图 1-3)，主要用于干燥玻璃仪器或无腐蚀性、热稳定性好的药品。使用时应先调好温度(烘干玻璃仪器一般控制在 100～110 ℃)。刚洗好的仪器应将水控干后再放入烘箱中，烘干仪器时，将烘热干燥的仪器放在上边，湿仪器放在下边，以防湿仪器的水滴到热仪器上造成仪器炸裂。热仪器取出后，不要马上接触冷的物体，如冷水、金属用具等，以免炸裂。带旋塞的仪器，应取下塞子后再放入烘箱中烘干。

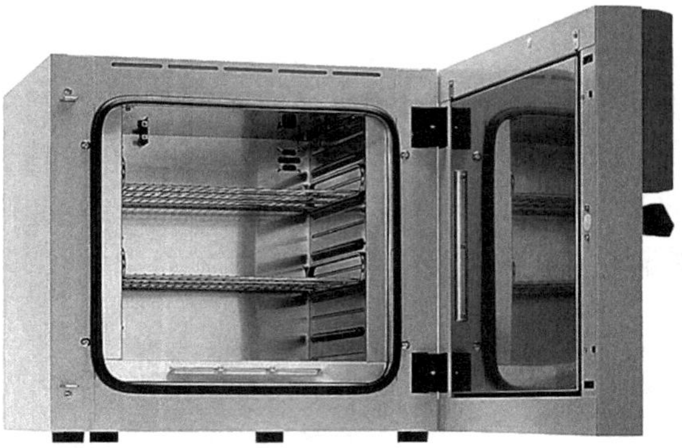

图 1-3　烘箱

2. 气流烘干器

气流烘干器(图 1-4)是一种用于快速烘干玻璃仪器的小型干燥设备。使用时,将仪器洗净后,甩掉仪器壁上的水分,然后将仪器套在烘干器的多孔金属管上。气流烘干器不宜长时间加热,以免烧坏电机及电热丝。

3. 电热套

电热套是用玻璃纤维丝与电热丝编织成半球形的内套,外边加上金属外壳,中间填充保温材料的仪器(图 1-5)。电热套的容积一般与烧瓶的容积相匹配,分为 50 mL、100 mL、200 mL、250 mL 等规格,最大可到 3000 mL。加热温度通过能调压的变压器来控制,最高加热温度可达 400 ℃左右。此设备因不用明火加热,使用较安全。由于它的结构是半球形的,在加热时,烧瓶处于热空气包围中,因此加热效率较高。使用时应注意不要将药品洒在电热套里面,以免加热时药品挥发污染环境,同时避免电热丝被腐蚀而断裂。电热套的使用和保存都应处于干燥环境中,否则内部吸潮后会降低绝缘性能。

4. 电动搅拌器

电动搅拌器(图 1-6)由机座、小型电机和变压调速器几部分组成,在有机化学实验中使用得比较多,一般适用于非均相反应。

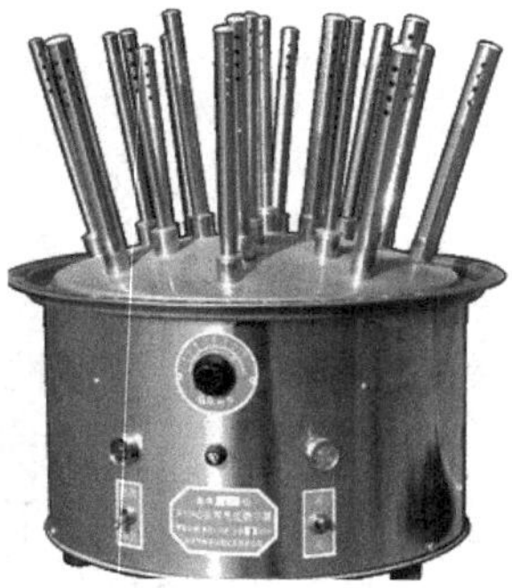

图 1-4　气流烘干器

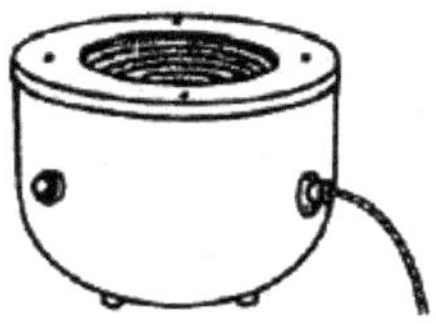

图 1-5　电热套

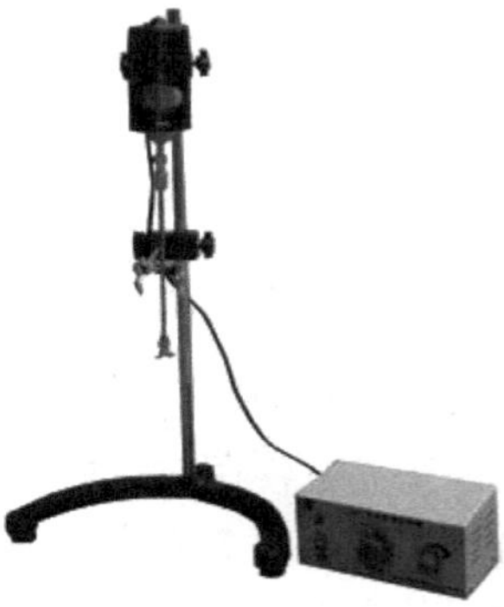

图 1-6　电动搅拌器

使用电动搅拌器时，应先将搅拌棒(常用玻璃棒和聚四氟乙烯制成)与电动搅拌器连接，再将搅拌棒用套管或塞子与反应瓶连接固定，搅拌棒与套管的固定一般用橡皮管，橡皮管的长度不要太长也不要太短，以免摩擦而使搅拌棒转动不灵活或密封不严。在开动搅拌器前，应用手试一试搅拌棒转动是否灵活，如不灵活则应找出摩擦点，进行调整，直至转动灵活，如果是电机问题，应向电机的加油孔中加一些机油，以保证电机转动灵活或更换新电机。

5. 电磁搅拌器

电磁搅拌器由一个可旋转的磁铁和用聚四氟乙烯密封的磁转子组成(图 1-7)，通过磁场的不断旋转变化来带动容器内磁子随之旋转，从而达到搅拌的目的。电磁搅拌器一般都带有温度和速率控制旋钮。高温加热不宜过长，以免烧断电阻丝；搅拌速率不要过快，以免磁子打破烧瓶。使用后要将旋钮回零，放在清洁和干燥的地方。

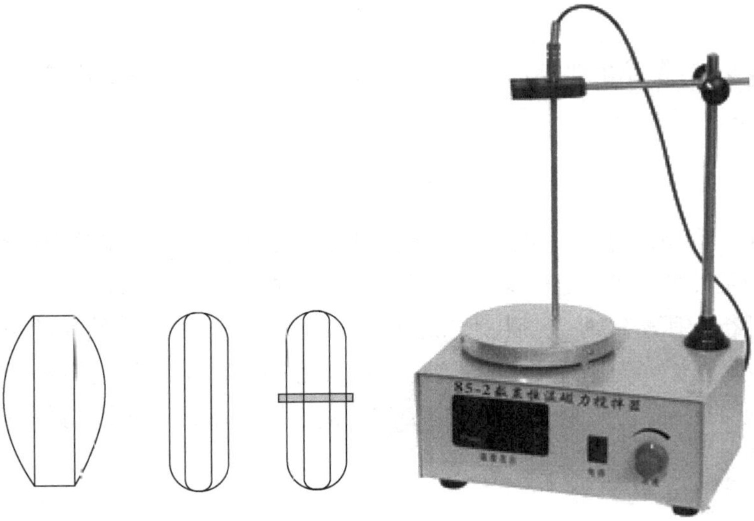

图 1-7　电磁搅拌器及各种形态磁子

6. 旋转蒸发仪

旋转蒸发仪可用来回收、蒸发有机溶剂。由于它使用方便，近年来在有机实验室中被广泛使用。旋转蒸发仪(图 1-8)由一台电机带动可旋转的蒸发器(一般用圆底烧瓶)、高效冷凝管和接收瓶等组成。此装置可在常压或减压下使用，可一次进料，也可分批进料。由于蒸发仪在不断旋转，可免加沸石而不会暴沸。同时，液体附于壁上形成了一层液膜，加大了蒸发面积，使蒸发速率加快。使用时应注意以下两点。

(1) 减压蒸馏时，当温度高、真空度低时，瓶内液体可能会暴沸。此时，及时转动插管开关，通入冷空气降低真空度即可。对不同的物料，应找出合适的温度与真空度，以平稳地进行蒸馏。

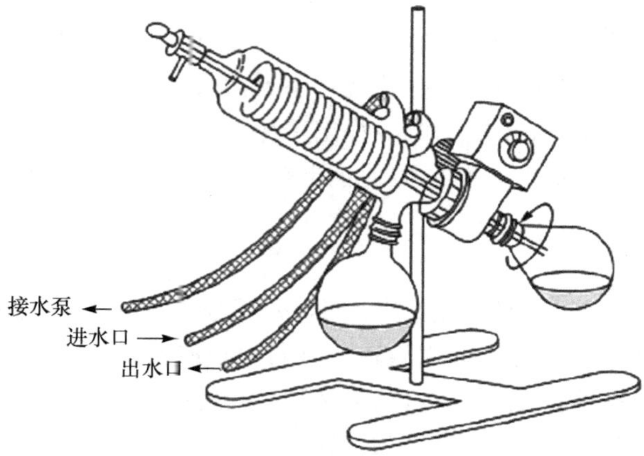

图 1-8　旋转蒸发仪

(2) 停止蒸发时，先停止加热，再切断电源，最后停止抽真空。若烧瓶取不下来，可趁热用木槌轻轻敲打，以便取下。

7. 油泵

油泵是实验室常用的减压设备。油泵常在对真空度要求较高的实验中使用。油泵的效能取决于泵的结构及油的好坏(油的蒸气压越低越好)。油泵的结构比较精密，工作条件要求严格。在用油泵进行减压蒸馏时，溶剂、水和酸性气体会对油造成污染，使油的蒸气压增加，降低真空度，同时这些气体可以引起泵体的腐蚀。为了保护泵和油，需要在蒸馏系统和油泵之间安装冷却阱、安全防护、污染防护装置，另外还需连接测压装置，以测试蒸馏体系的压力(图 1-9)。

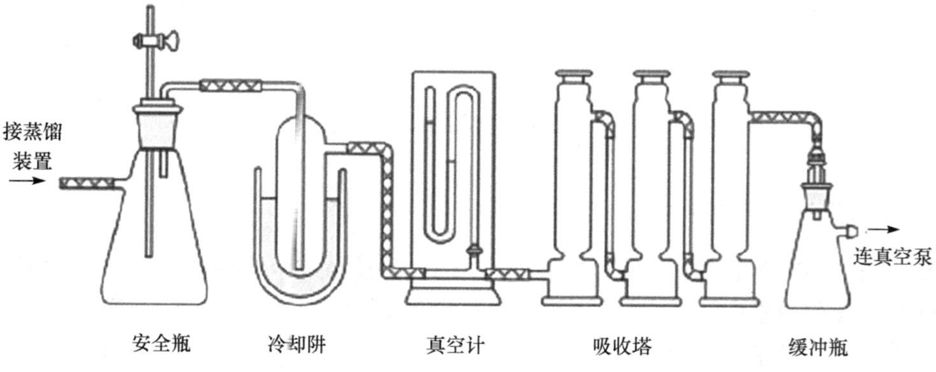

图 1-9　减压装置连接示意图

8. 电子天平

电子天平是实验室常用的称量设备，尤其在微量、半微量实验中经常使用。不需使用砝码，被称物品放在秤盘上，电子显示器将质量显示出来。根据用途的不同，精度有 0.1 g、0.01 g、0.001 g、0.0001 g 几种规格。电子天平具有简单易懂的操作界面，称量迅速、准确、方便。

1.3　玻璃仪器的洗涤与干燥

1.3.1　玻璃仪器的洗涤

化学实验中经常会使用各种玻璃仪器，如果用不洁净的仪器进行实验，往往由于污物和杂质的存在而得不到正确的结果。因此，在进行化学实验时，必须把所用仪器洗涤干净，这是化学实验中必不可少的一个重要环节。

洗涤玻璃仪器的方法很多，应根据实验要求、污物的性质和沾污程度来选用。一般来说，附着在仪器上的污物有可溶性物质、尘土及其他不溶性物质、有机物和油垢等。针对具体情况，可分别采取下列方法洗涤。

1. 用水刷洗

用水和毛刷刷洗，既可以洗去水溶性物质，也可以除去附着在仪器上的尘土和其他不溶性物质。

2. 用去污粉或合成洗涤剂刷洗

用水刷洗不净的油污、有机物，可用去污粉或合成洗涤剂洗涤。清洗时先将仪器用水润湿，再用湿毛刷沾少量去污粉或洗涤剂刷洗。若仍洗不干净，可用热的碱液清洗。

3. 用铬酸洗液洗涤

对于用上述方法洗涤不干净的仪器，或容积精确、形状特殊，不能用刷子刷洗的仪器，可用铬酸洗液洗涤。铬酸洗液具有很强的氧化能力和去污能力，它可采用如下方法配制：将 25 g 研细的 $K_2Cr_2O_7$ 固体溶入 500 mL 温热的浓硫酸中，边加边搅拌，冷却后存于细口瓶中即可。

用铬酸洗液洗涤仪器时，先将仪器中残留水分倒尽，再加入少量洗液(约为仪器容积的 1/5)，倾斜仪器并慢慢转动，使内壁全部被洗液润湿，如果能浸泡一段时间或使用热的洗液，则洗涤效果更好。

铬酸洗液的腐蚀性很强，使用时要注意安全，如果不小心将洗液溅在衣物、皮肤或桌面上，应立即用水冲洗。洗液用后应倒回原瓶，反复使用，当颜色变成绿色时(重铬酸钾被还原成硫酸铬)，洗涤功效丧失，需重新配制。废的洗液或较浓的冲洗液不能倒入水槽，以免腐蚀下水道。由于 Cr(Ⅵ)有毒，故洗液应尽量少用，能用其他方法洗净的就不要用洗液。

4. 用特殊试剂洗涤

对于仪器上的特殊污物，应根据污物的性质和附着情况，采用特殊试剂处理。例如，附着在仪器上的污物为氧化剂(如 MnO_2)，可用浓盐酸、酸性 $FeSO_4$ 溶液或 H_2O_2 溶液等还原性试剂除去；如要清除活塞孔内的凡士林，可先用细铁丝将凡士林捅出，再用少量有机溶剂(如 CCl_4)浸泡。

用上述方法洗去污物后的仪器，还必须用自来水和蒸馏水(或去离子水)冲洗。使用蒸馏水的目的是为了除去附在器壁上的自来水，洗涤时应遵循少量多次的原则，一般冲洗两三次，每次用水 5～10 mL。

已洗净的玻璃仪器应该清洁透明，内壁被水均匀地润湿，将仪器倒转后，水沿器壁流下，器壁上只留下一层薄而均匀的水膜，且不挂水珠。已洗净的仪器不能再用布或纸擦拭，以免布或纸上的纤维及污物再次沾污仪器。

1.3.2 玻璃仪器的干燥

根据不同的情况，可选用下列方法将仪器干燥。

1. 晾干

对于干燥程度要求不高且又不急用的仪器，可将仪器倒放在干净的仪器架或实验柜内自然晾干。注意放稳仪器。

2. 吹干

急需干燥的仪器，可用吹风机吹干。通常先用热风吹干仪器内壁，再吹冷风使仪器冷却。

3. 烤干

一些构造简单、厚度均匀的硬质玻璃器皿，若需急用，也可用小火烤干。例如，烧杯和蒸发皿可置于石棉网上用小火烤干。试管可直接用小火烤干，操作时应将试管口略向下倾斜，以防水蒸气凝聚后倒流使试管炸裂，并不时来回移动试管，防止局部过热。待水珠消失后，再将管口朝上，以便水汽逸去。

4. 烘干

某些能耐受较高温度、干燥程度要求较高的仪器可放在烘箱内烘干。放进烘箱前要先将仪器的水分沥干，放置时注意平放或容器口朝下。

5. 用有机溶剂干燥

在洗净的仪器内加少量易挥发又易与水混溶的有机溶剂（最常用的是乙醇和丙酮），转动仪器，使器壁上的水与有机溶剂混合，然后倒出溶剂，晾干。

另外，带有刻度的计量仪器不能用加热的方法进行干燥，否则会影响仪器的准确度。如需要干燥，可采用晾干、冷风吹干或有机溶剂干燥的方法。

1.4 简单玻璃工操作

在有机化学实验中，常会用到玻璃棒、弯管、滴管、毛细管等简单的玻璃用具，尽管多数情况下可获得成品，但有时也需要自己动手进行制作，因而学会简单的玻璃工操作技术具有一定的实用价值，也是必备的基本实验技能之一。

1.4.1 玻璃管(棒)的截断与熔光

取一段干净、粗细合适的玻璃管(棒)，平放在桌面上，一手按住玻璃管(棒)，一手用三角锉的棱边在要截断的地方用力划一锉痕（只能向一个方向锉，不要来回锯）[图 1-10(a)]，注意锉痕应与玻璃管垂直。然后用两手握住玻璃管(棒)，锉痕朝外，两大拇指置于锉痕背后，轻轻用力向前推压[图 1-10(b)]，同时两手稍用力向两侧拉，玻璃管(棒)便在锉痕处断开。

新切断的玻璃管(棒)的断口很锋利,容易划伤皮肤、割破橡皮管,需要熔烧圆滑。将断口置于煤气灯氧化焰的边缘,不断转动玻璃管(棒),使受热均匀,待断面变得光滑即可[图 1-10(c)]。熔烧时间不宜太长,以免玻璃管管口缩小,玻璃棒变形。

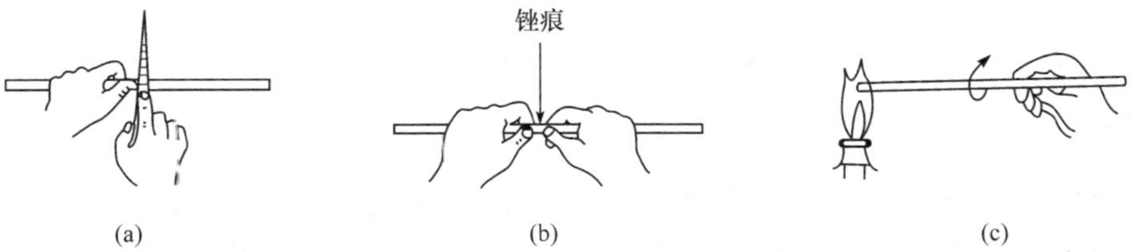

图 1-10　玻璃管(棒)的截断与熔光

1.4.2　玻璃管的弯曲

两手轻握玻璃管的两端,将要弯曲的部位斜插入氧化焰中加热,以增大玻璃管的受热面积[也可用鱼尾灯头,图 1-11(a)],缓慢而均匀地转动玻璃管,使之受热均匀。当玻璃管加热到适当软化但未自动变形时,从火焰中取出,轻轻地弯曲至所需角度,待玻璃管变硬后才放手。较大的角度可一次弯成,若需要较小的角度,可分几次弯成:先弯成一个较大的角度,然后在第一次受热的部位稍偏左或偏右处再加热、弯曲,直至所需角度。

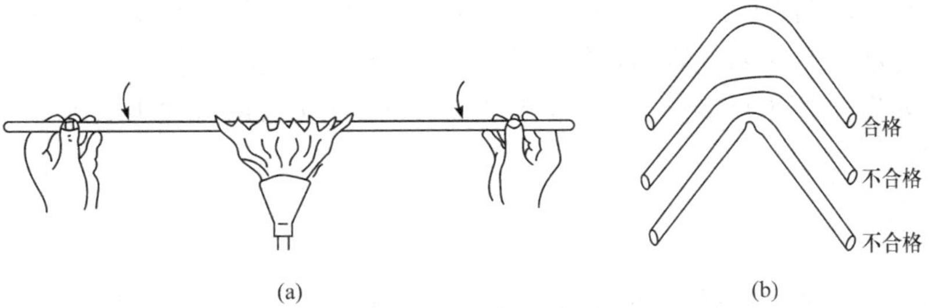

图 1-11　玻璃管的弯曲

在加热和弯曲玻璃管时,要用力均匀,不要扭曲。玻璃管弯成后,应检查弯管处是否均匀平滑,整个玻璃管是否在同一平面上[图 1-11(b)]。玻璃管弯好后置于石棉网上自然冷却。

1.4.3　玻璃管的拉制

取一干净的玻璃管,插入煤气灯氧化焰中加热。加热的方法与玻璃管弯曲时基本相同,只是烧的时间更长、更软一些,待玻璃管呈红黄色时移出火焰,顺着水平方向慢慢地边拉边转动[图 1-12(a)],玻璃管拉至所需粗细后,一手持玻璃管,使其下垂。拉出的细管应与原来的玻璃管在同一轴线上,不能歪斜[图 1-12(b)]。冷却后在适当部位截断。

图 1-12　拉玻璃管

若制作滴管，在拉细部分中间截断，将尖嘴在小火中熔光，粗的管口熔烧至红热后，用金属锉刀柄斜放管口内迅速而均匀地旋转一周，使管口扩大，然后套上橡皮胶头，即得两根滴管。若需毛细管，则要拉得更细一些。

1.5　加热及制冷技术

1.5.1　加热

由于有些有机反应在常温下很难进行，或反应速率很慢，因此常要加热来使反应加速，一般反应温度每提高 10 ℃，反应速率就相应增加一倍。实验室中常采用的加热方法有直接加热、热浴加热和电热套加热。

1. 直接加热

在玻璃仪器下垫石棉网进行加热。加热时，灯焰要对着石棉块，不要偏向铁丝网，否则造成局部过热，仪器受热不均匀，甚至发生仪器破损。这种加热方式只适用于沸点高且不易燃烧的物质。

2. 水浴加热

加热温度在 90 ℃以下的可用水浴。加热时，将容器下部浸入热水中(热浴的液面高度应略高于容器中的液面)，切勿使容器接触水浴锅底。调节火焰的大小，使水温控制在所需的温度范围之内。如需要加热至接近 100 ℃，可用沸水浴或水蒸气浴。由于水的不断蒸发，应注意及时补加热水。

3. 油浴加热

用油代替水浴中的水即是油浴，适用于 90～250 ℃加热。油浴锅一般由生铁铸成，有时也用大烧杯代替。常用作油浴的油料有甘油、植物油、石蜡、硅油等，其中硅油稳定性较好，但价格较贵。常用的油类见表 1-1。

表 1-1　常用的油类

油类	液体石蜡	豆油和棉籽油	硬化油	甘油和邻苯二甲酸二丁酯
可加热的最高温度/℃	220	200	250	140～180

由于油易燃，加热时油蒸气易污染实验室和着火，因此应在油浴中悬挂温度计，随时观察和调节温度。若发现油严重冒烟，应立即停止加热。注意油浴温度不要超过其所能达到的最高温度。植物油中加 1% 对苯二酚，可增加其热稳定性。

4. 砂浴加热

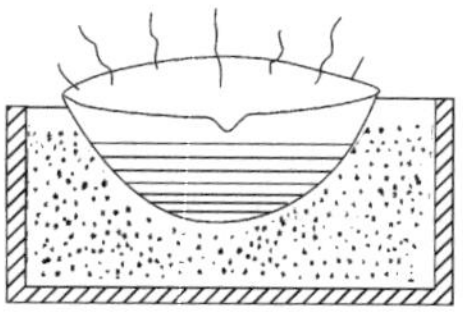

图 1-13　砂浴加热

将细砂均匀盛于铁制器皿中即成砂浴。砂浴可以放在电炉或煤气灯上加热，为了增大受热面积，可将受热器皿埋得深一些(图 1-13)。加热温度在 80 ℃以上者都可使用砂浴，缺点是传热慢，上下层砂子有温差。

5. 电热套加热

此设备不用明火加热，使用较安全，加热效率较高。使用时应注意，不要将药品洒在电热套中，以免加热时药品挥发污染环境，同时避免电热丝被腐蚀而断开。

1.5.2 冷却

有些化学反应和分离、提纯操作需要在较低温度下进行，所以在化学实验中常需要合适的冷却技术。

1. 自然冷却

热的物体可放置在空气中一定时间，任其自然冷却至室温。

2. 流水冷却和吹风冷却

将需要冷却的物体放在容器中，用流动的自来水直接冲淋降温，或用吹风机直接冷却。

3. 冰水冷却

将盛有待冷却物体的容器直接放在冰水中，可快速冷却。

4. 冷冻剂冷却

当需要将物体的温度降至室温以下甚至 0 ℃以下时，可使用冷冻剂冷却。最简单的冷冻剂是冰盐溶液，可冷却至 0 ℃以下，其所能达到的温度由盐的种类和冰盐的比例决定。干冰和有机溶剂混合时，其温度更低。常用冷冻剂及其达到的温度见表 1-2。

表 1-2 常用冷冻剂及其达到的温度

冷冻剂	T/℃	冷冻剂	T/℃
30 份 NH_4Cl +100 份水	−3	5 份 $CaCl_2 \cdot 6H_2O$ + 4 份冰块	−55
4 份 $CaCl_2 \cdot 6H_2O$ +100 份碎冰	−9	干冰 + 二氯乙烯	−60
100 份 NH_4NO_3+100 份水	−12	干冰 +乙醇	−72
1 份 NaCl + 3 份冰水	−20	干冰 + 丙酮	−78
125 份 $CaCl_2 \cdot 6H_2O$ +100 份碎冰	−40	液氮	−190

1.6 过　　滤

过滤是有机实验中最常用的方法之一。减压过滤比常压过滤快。热溶液比冷溶液过滤快。过滤器的孔隙要合适，太大会透过沉淀，太小则易被沉淀堵塞，使过滤难于进行。沉淀呈胶状时，需加热破坏后方可过滤，否则它将透过滤纸。因而，应根据不同情况，选择合适的过滤方法。

1.6.1 常压过滤

根据过滤速度，滤纸分为快速、中速、慢速三类。快慢之分是按滤纸孔隙大小而定，快则孔隙大。操作时应根据沉淀性质选择滤纸，一般粗大晶形沉淀用中速滤纸，细晶或无定形沉淀选用慢速滤纸，沉淀为胶体状时应用快速滤纸。各种滤纸在滤纸盒上分别用白带（快速）、蓝带（中速）、红带（慢速）作为标志。选择好合适的滤纸后，将滤纸沿圆心对折两次，但先不要折死。按三层一层比例将其撑开呈圆锥状放入漏斗中，如果上沿不十分密合，可改变滤纸的折叠角度，且要求滤纸边缘应低于漏斗沿 0.5～1.0 cm，直到与漏斗密合为止。将滤纸放入漏斗，加少量溶剂润湿滤纸，轻压滤纸赶走气泡。

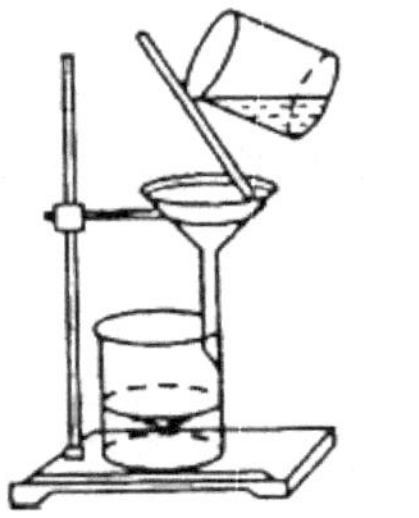
图 1-14　常压过滤装置

过滤时，置漏斗于漏斗架上，漏斗颈与接收容器紧靠，用玻璃棒贴近三层滤纸一边（图 1-14）。首先沿玻璃棒倾入沉淀上层清液，一次倾入的溶液一般最多只充满滤纸的 2/3。倾析完成后，在烧杯内将沉淀用少量洗涤液搅拌洗涤，静置沉淀，再如上法倾出上清液，如此三四次。残留的少量沉淀可直接转移至漏斗中。沉淀全部转移到滤纸上后，需洗涤沉淀以除去沉淀表面吸附的杂质和残留的母液。

1.6.2　减压过滤

1. 常量减压过滤

为得到比较干燥的结晶和沉淀，常用减压过滤，也称吸滤或抽滤，这种过滤方法速度快，但不适用于胶状沉淀和颗粒太细的沉淀的过滤。因为前者更易堵塞滤孔或在滤纸上形成密实的沉淀，使溶液不易透过；而后者更易透过滤纸，结果事与愿违。

常量减压过滤装置如图 1-15 所示，由水泵、安全瓶、抽滤瓶和布氏漏斗组成。利用水泵抽出抽滤瓶的空气，使抽滤瓶内压力减小，这样在布氏漏斗的液面与抽滤瓶内形成一个压力差，从而提高过滤速度。

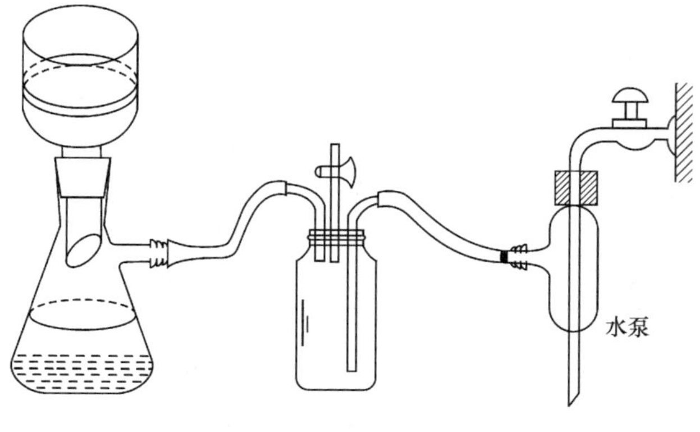

图 1-15　常量减压过滤装置

过滤时，漏斗的颈口应对准抽滤瓶的支管，滤纸要比布氏漏斗的内径略小，但必须全部覆盖漏斗的小孔，也不能太大，否则边缘会贴在漏斗壁上，使部分溶液不经过过滤，沿壁直接漏入吸滤瓶中。可先用水或相应的溶剂润湿滤纸，然后开启水泵，使其贴紧漏斗而不留孔隙。

过滤时，先将上部澄清液沿着玻璃棒注入漏斗中，然后再将沉淀或晶体转入漏斗进行抽滤。注意加入的溶液不要超过漏斗容积的 2/3。洗涤沉淀时，应暂停抽滤，加入洗涤剂使其与沉淀充分润湿后，再开泵将沉淀抽干，重复操作至达到要求。

有些浓的强酸、强碱或强氧化剂的溶液过滤时不能用滤纸，因为它们会与滤纸作用而破坏滤纸，可用相应的滤布来代替滤纸。另外，浓的强酸溶液也可使用烧结漏斗（也称砂芯漏斗）过滤，但烧结漏斗不适用于强碱溶液的过滤，因为强碱会腐蚀玻璃。

2. 微量减压过滤

微量减压过滤的仪器和装置如图1-16所示。图中(a)为赫氏漏斗，该仪器是在一个普通小三角漏斗中焊连一个多孔玻璃底盘，因而兼具普通三角漏斗和布氏漏斗的功能。赫氏漏斗和带磨口的微型抽滤瓶或一支试管相配合，即构成微型抽滤装置，如图1-16(c)和(d)所示。另外，在普通三角漏斗中放进一个玻璃钉也可代替赫氏漏斗，如图1-16 (b)所示。改进型的赫氏漏斗如图1-16(e)所示，是在漏斗颈侧加置抽气装置，因而可与普通烧瓶或试管配合使用。

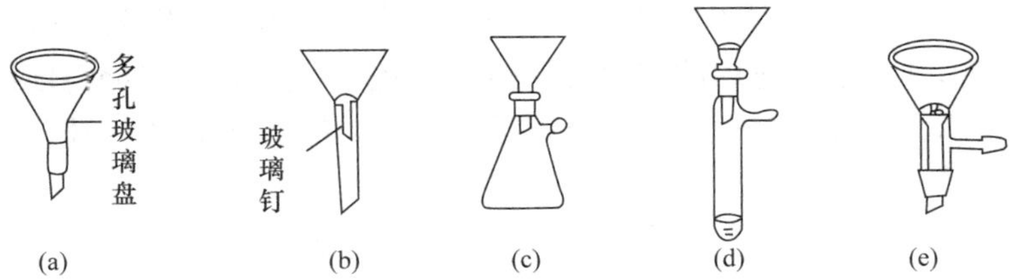

图1-16　微量减压过滤装置

如果目的是收集少量滤液，还可以采用如下滴管过滤方法过滤少量悬浊液（图1-17）。先将滴管的细端在火焰的边缘上烧软，使之稍稍收缩。取少许脱脂棉，用一根小棒（如金属细丝）将其推至管尖处[图1-17 (a)和(b)]。然后用另一支滴管吸取悬浮液滴入该装置中进行过滤[图1-17(c)]，在滴管过滤装置中可以通过套上橡皮头轻轻挤压，使棉花中吸留的液体全部滴下[图1-17(d)]。

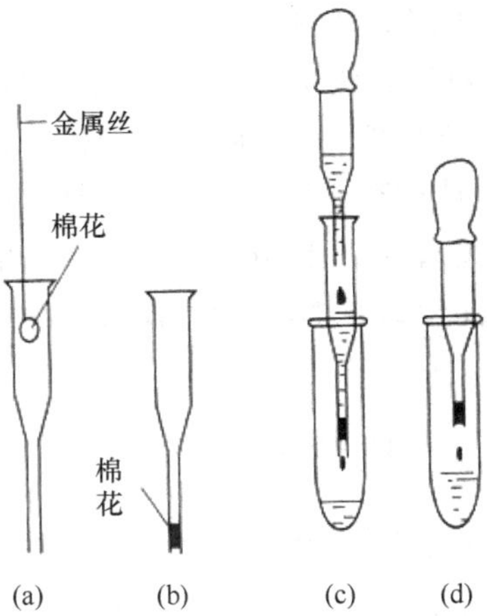

图1-17　滴管过滤装置

1.6.3　热过滤

如果溶液中的溶质在温度下降时很易析出大量结晶，为不使大量结晶在过滤过程中留在滤纸上，就要趁热进行过滤。

将圆滤纸折成半圆形，再对折成圆形的四分之一。如图1-18(a)所示，以1对4折出5，以3对4折出6；如图1-18(b)所示，以1对6，3对5分别折出7和8；如图1-18(c)所示，以3对6，1对5分别折出9和10；如图1-18(d)所示，最后在1和10，10和5，5和7，…，9和3间各反向折叠，稍压紧如同折扇；如图1-18(e)所示，打开滤纸，在1和3处各向内折叠一个小折面，折叠时在近滤纸中心不可折得太重，因该处最易破裂，使用时将折好的滤纸打开后翻转，放入漏斗。

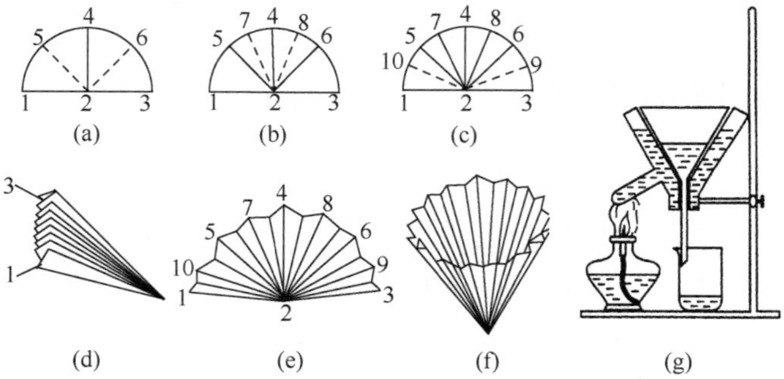

图 1-18　热过滤装置

过滤时可把玻璃漏斗放在铜质的热漏斗内，热漏斗内装有热水，以维持溶液的温度。热过滤装置如图 1-18(g)所示。也可以在过滤前把玻璃漏斗放在水浴上用蒸气加热，趁热过滤，此法简单易行。另外，热过滤时选用的玻璃漏斗的颈部越短越好，以免过滤时溶液在漏斗颈内停留过久，因降温析出晶体而堵塞。进行热过滤操作要求准备充分，动作迅速。

1.7　干燥与干燥剂

干燥是常用的去除固体、液体或气体中的少量水分或少量有机溶剂的方法。

干燥方法可分为物理方法和化学方法两种。

物理方法中有烘干、晾干、吸附、分馏、共沸蒸馏和冷冻干燥等。近年来，也常用分子筛脱水。分子筛是多种硅铝酸盐晶体。它们内部都有许多空隙或孔穴，可以吸附水分子，而一旦加热到一定温度又释放出水分子，故可重复使用。

化学方法是用干燥剂脱水。根据脱水原理又可分为两类：一类能与水可逆结合，生成水合物，如 $CaSO_4$、Na_2SO_4、$MgSO_4$等；另一类与水发生不可逆的化学反应，生成新的化合物，如金属 Na、P_2O_5等。

1.7.1　固体的干燥

1. 空气干燥

对于在空气中稳定、不分解、不吸潮的固体物质，要除去其表面溶剂，可采用最方便、最经济的方法，即自然晾干。干燥时，把待干燥的物质放在干燥洁净的表面皿或其他器皿上，薄薄摊开，让其在空气中慢慢晾干。

2. 烘干

对于热稳定性好的固体物质，可将待干燥的物质置于表面皿中，用恒温烘箱或红外灯烘干。注意，加热温度切忌超过该化合物的熔点，以免固体变色或分解。如果需要，可放在真空恒温干燥箱中干燥。

3. 干燥器干燥

对于易吸潮或高温干燥易分解的物质，可用干燥器干燥。干燥器有普通干燥器、真空干燥器和真空恒温干燥器。干燥器内所使用的干燥剂应按被干燥的固体所含溶剂的性质来选择。例如，硅胶、氯化钙等常用于吸水；五氧化二磷除吸水外，还可吸收醇、酮等。

普通干燥器干燥效率不高，且所需时间较长，一般用于保存易吸潮药品。

真空干燥器如图 1-19 所示，它的干燥效率较普通干燥器好。真空干燥器上有玻璃活塞，用于抽真空，活塞下端呈弯钩状，口向上，防止在通向大气时，因气流太快将固体吹散。使用时，真空度不宜过高，一般用水泵抽气。启盖前，必须首先缓缓放入空气，然后启盖。

对于一些易分解易氧化的物质，可采用真空恒温干燥方法进行干燥，样品置真空恒温干燥箱中进行。

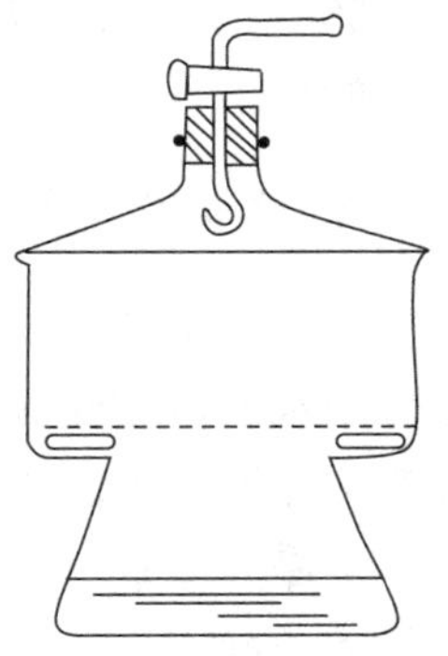

图 1-19　真空干燥器

4. 冰冻干燥法

根据压力减少、沸点下降的原理，在低温、低压(压力在三相点压力之下)时，物料中的水分可以从冰直接升华成水汽而除去，这就是冰冻干燥的原理。使用小型专用的冷冻干燥机使样品的干燥更为简单、安全。

1.7.2　液体的干燥

1. 利用分馏或形成共沸混合物去水

对于不与水生成共沸混合物的液体物质，如沸点相差较大，用分馏即可完全分开。还可利用某些有机物与水形成共沸混合物的特性，向待干燥的有机物中加入另一有机物，利用此有机物与水形成共沸点的性质，在蒸馏时逐渐将水带出，从而达到干燥的目的。

2. 使用干燥剂脱水

常用干燥剂的种类很多，选择干燥剂时应注意，所选干燥剂不与被干燥物发生化学反应；干燥速度要快，吸水能力强，价格较便宜。

现介绍几种常用干燥剂。

(1) 氯化钙：价廉、吸水能力强，但吸水速度慢，干燥时间长。氯化钙能与醇、酚、胺、酰胺及某些醛、酮和酯形成配合物，而不宜使用。适用于烃、卤代烃、醚和中性气体的干燥。

(2) 硫酸钙：干燥速度快、适用范围广，但价格贵、吸水量少。一般用作二次干燥，即先用硫酸镁或氯化钙干燥后，再用本品除去微量水分。

(3) 硫酸镁：吸水量大、干燥速度快、应用范围广且价格便宜。可用于干燥那些不宜用氯化钙干燥的许多化合物。

(4) 硫酸钠：中性、价廉、吸水量大，但干燥速度缓慢，干燥效能差。一般用作有机液体的初步干燥，然后再用效能高的干燥剂(硫酸钙)干燥。

使用干燥剂时应考虑干燥剂的吸水容量和干燥效能，用量要适当。通常约为液体体积的 1/10。如果用量过多，会因吸附作用造成被干燥物的损失；如果用量太少，又达不到脱水目的。干燥剂的颗粒不宜太大，也不要成粉状。颗粒太大，表面积就小，吸水量不大；若颗粒太小呈泥状，则分离困难。

根据上述条件，将选好的干燥剂和被干燥液体物质置于干燥锥形瓶中塞紧、振荡，静置20～30 min，最好放置过夜。有时干燥前液体呈浑浊，干燥后变为澄清，以此作为水分已基本除去的标志。

1.7.3 气体的干燥

实验室中产生的气体常带有酸雾和水汽，在要求较高的实验中需要净化和干燥。通常酸雾可用水和玻璃棉除去，水汽可根据气体的性质选用浓硫酸、无水氯化钙、固体氢氧化钠或硅胶等干燥剂除去。

干燥气体常用仪器有干燥管、干燥塔、U 形管、各种洗气瓶（用来盛液体干燥剂）等。常用的气体干燥剂列于表 1-3 中。

表 1-3 常用的气体干燥剂

干燥剂	可干燥的气体
CaO、碱石灰、NaOH、KOH	NH_3类
无水 $CaCl_2$	H_2、HCl、CO_2、CO、SO_2、N_2、O_2、低级烷烃、醚、烯烃、卤代烃
P_2O_5	H_2、O_2、CO_2、SO_2、N_2、烷烃、乙烯
浓 H_2SO_4	H_2、N_2、CO_2、Cl_2、HCl、烷烃
$CaBr_2$、$ZnBr_2$	HBr

1.8 搅拌和搅拌器

搅拌是有机制备实验常用的基本操作。搅拌是为了使反应物混合得更均匀，反应体系的热量容易散发和传导使反应体系的温度更加均匀，从而有利于反应的进行，特别是非均相反应，搅拌更为必不可少的操作。

1.8.1 人工搅拌

简单的、反应时间不长的，而且反应体系中放出的气体是无毒的制备实验可以用人工搅拌方法。若在搅拌的同时，还需要控制温度，则用橡皮圈把温度计和玻璃棒套在一起，并使温度计稍稍向上提起，以防温度计搅破。

1.8.2 机械搅拌

比较复杂的、反应时间比较长的，而且反应体系中放出的气体是有毒的制备实验则要用机械搅拌的方法。

机械搅拌主要包括三个部分：电动机、搅拌棒和搅拌密封装置。电动机是动力部分，固定在支架上。搅拌棒与电动机相连，当接通电源后，电动机就带动搅拌棒转动而进行搅拌。搅拌密封装置是搅拌棒与反应器连接的装置，它可以防止反应器中的蒸气往外逸。搅拌的效率很大程度上取决于搅拌棒的结构，图 1-20 是常见的各式搅拌棒，是用粗玻璃棒制成的。

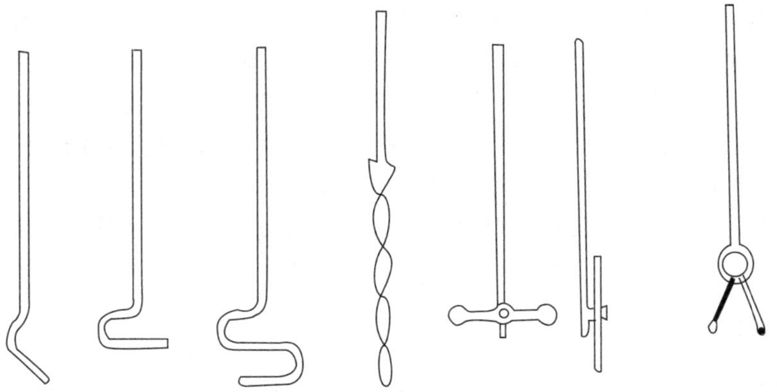

图 1-20　搅拌棒

根据反应器的大小、形状、瓶口的大小及反应条件的要求，搅拌棒可以有各种样式，图 1-20中前三种较易制作，后四种搅拌效果较好。

用于实验室中的电动搅拌器一般具有密封装置。实验室用的密封装置有三种：简易密封装置、液封装置和聚四氟乙烯密封装置。

一般实验可采用简易密封装置[图 1-21(a)]。其制作方法是(以三口烧瓶作反应器为例)：在三口烧瓶的中口配上塞子，塞子中央钻一光滑、垂直的孔洞，插入一段长 6～7 cm、内径比搅拌棒稍大些的玻璃管，使搅拌棒能在玻璃管内自由地转动。取一段长约 2 cm、弹性较好、内径能与搅拌棒紧密接触的橡胶管，套于玻璃管上端，然后自玻璃管下端插入已制好的搅拌棒。这样，固定在玻璃管上端的橡胶管因与搅拌棒紧密接触而起到密封作用。在搅拌棒与橡胶管之间涂抹几滴甘油或凡士林，可起到润滑和加强密封的作用。

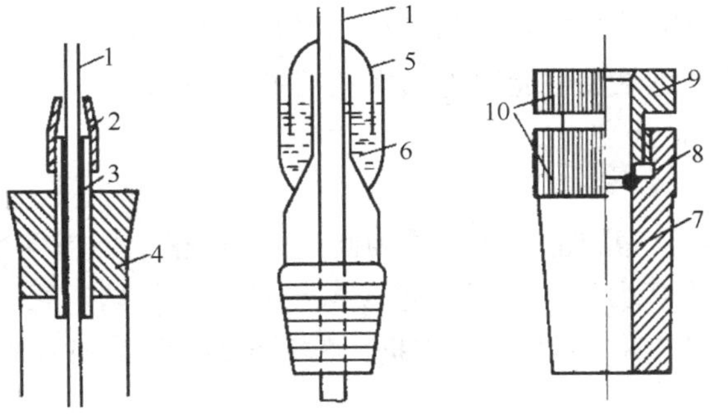

(a) 简易密封装置　(b) 液封装置　(c) 聚四氟乙烯密封装置

图 1-21　密封装置

1. 搅拌棒；2. 橡皮管；3. 玻璃管；4. 胶塞；5. 玻璃密封管；6. 填充液；7. 塞体；8. 胶垫；9. 塞盖；10. 滚花

液封装置如图 1-21 (b)所示。其主要部件是一个特制的玻璃密封管，可用液体石蜡作填充液(油封闭器)，也可用水银作填充液(汞封闭器)进行密封。

聚四氟乙烯密封装置如图 1-21 (c)所示。主要由置于聚四氟乙烯瓶塞和螺旋压盖之间的硅胶密封圈起密封作用。

电动搅拌装置的安装顺序是：首先选定电动搅拌器的位置，并把它固定在铁架台上，用短橡皮管(或连接器)把事先准备好的简易密封装置中的搅拌棒连接到搅拌器的轴上，然后小心地将三口烧瓶的中间瓶口套上去并塞紧。调整三口烧瓶的位置，使搅拌棒的下端离瓶底

0.5～1 cm，用铁夹夹紧中间瓶颈，再从仪器装置的正面和侧面仔细检查整套仪器安装是否正直，必须使搅拌器的轴和搅拌棒在同一直线上，并用手试搅拌棒转动是否灵活，再以低速开动搅拌器试验运转情况。当搅拌棒和封管之间不产生摩擦声时才能认为仪器装配合格，否则仍要进行调整，直到运转正常为止。最后装上冷凝管和温度计（或滴液漏斗），各部分都要用铁夹夹紧，再次开动搅拌器，如运转正常，便可进行实验操作。

附录1中有适合不同需要的机械搅拌装置，也有可以同时进行搅拌、回流、测量温度及滴加反应物的装置。

1.8.3 磁力搅拌

磁力搅拌适用于黏稠度不是很大的液体或者固液混合物。通过磁子圆周循环运动从而达到搅拌液体的目的。温度采用电子自动恒温控制，可用于液体恒温搅拌，使用方便，搅拌力也较强，调速平稳，使用时应注意以下事项：

（1）搅拌时发现磁子跳动或不搅拌时，请切断电源检查一下烧杯底是否平、位置是否正。

（2）加热时间一般不宜过长，间歇使用延长寿命。

（3）中速运转可连续工作8 h，高速运转可连续工作4 h。

1.9 实验预习、实验记录与实验报告

1.9.1 实验预习

实验预习能使学生避免做实验时临时照方抓药，从而积极主动、准确高效地完成实验。实验预习的内容主要包括：实验的目的要求、实验原理、实验试剂及相关物理化学性质（物质的熔点、沸点和溶解性等）和用量及规格等、实验所用的仪器及装置搭建、实验步骤及注意事项、实验过程中可能出现的实验现象及可能发生的事故与处理办法等。

1.9.2 实验记录

实验是培养学生科学素养的主要途径。因此，实验过程中要求学生认真操作、仔细观察、积极思考，并把实验过程中观察到的实验现象及取得的实验数据记录下来，以作为研究实验内容、书写实验报告、分析讨论实验结果的依据。实验记录要做到真实准确、简单明了、字迹清楚。

1.9.3 实验报告

实验报告是将实验操作、实验现象及所得到的实验数据进行整理、归纳、综合、分析的过程，它是将实验的感性认识提升到理性认识的必要步骤，也是学生向指导教师报告实验所得，与他人交流，储存备查的手段。不同类型的实验报告有不同的格式，但主要内容包括：实验名称、实验的目的要求、实验原理（反应式）、主要物料（及产物）的物理常数和规格用量、实验装置、实验步骤及实验现象、实验结果（及产率计算）、结果讨论、思考题的解答及对实验的改进意见。

无论何种格式的实验报告，填写时都需要：书写认真，条理清楚；叙述准确，详略得当，尽量避免使用模棱两可的语句；实验装置图应严格按照实际操作及要求绘制，避免概念性错误；数据完整准确、真实，重要的操作步骤、实验现象和实验数据要真实、准确、完整，不可伪造。

有机化学实验报告一般格式如下：

有机化学实验报告

姓名__________学号________班级________指导老师__________成绩__________

实验题目____________________________

一、实验目的

二、实验原理

1. 主反应

2. 主要副反应

3. 反应条件及影响因素分析

三、主要试剂及产物物理常数

试剂	性状	相对分子质量(M_r)	密度(ρ)	熔点(m. p.)/℃	沸点(b. p.)/℃	溶解度			
						水	乙醇	乙醚	苯

四、主要反应试剂规格及用量

试剂	规格	相对分子质量(M_r)	用量				备注
			g	mL	mol		
					理论	实际	

五、实验步骤

操作	现象

六、粗产物分离原理及步骤

七、产率计算

理论产量＝

产率(％)＝

八、结果分析与问题讨论

1.10 手册的查阅及有机化学文献简介

化学文献是化学领域中科学研究、生产实践等的记录和总结，通过文献的查阅可以了解某个课题的历史情况及目前国内外水平和发展动向。这些丰富的资料能为学生提供大量的信息，开拓学生的研究视野。学会查阅化学文献，对提高学生分析问题和解决问题的能力是十分重要的。

常用的有关有机化学的化学文献简介如下。

1.10.1 常用工具书

(1) 化学辞典，化学工业出版社，1979 年 12 月第二版。

这是一本综合性化工工具书，共收集化学化工名词 10500 余条，列出了无机和有机化合物的分子式、结构式、基本物理化学性质及有关数据，并附有简要制法及主要用途。

(2) *Handbook of Chemistry and Physics*。

这是一本英文的化学与物理手册，初版于 1913 年，每隔一两年再版一次。该书分数学用表、元素、无机化合物、有机化合物、普通化学、普通物理常数六个方面。在“有机化合物”部分，按照 1957 年国际纯粹与应用化学联合会对化合物的命名原则，列出了 15031 条常见的有机化合物的物理常数，并按照有机化合物英文名称的字母顺序排列。查阅时，若知道化合物的英文名称，便可很快查出化合物的分子式及其物理常数。如不知化合物的英文名称，可查该部分分子式索引(formula index)。分子式索引按碳、氢、氧的数目排列。

(3) *Dictionary of Organic Compounds*，4th ed，1965。

这套辞典收集常见有机化合物 28000 条，连同衍生物约 60000 条，包括有机化合物的组成、分子式、结构式、来源、性状、物理常数、化学性质及衍生物等，并列出了制备该化合物的主要文献。各化合物按英文字母排列。该书从 1965 年起每年出一本补编，对上一年出现的重要化合物加以介绍。

该书已有中译本，名为《汉译海氏有机化合物辞典》，由科学出版社在 1961 年出版。

(4) *The Merck Index*，10th ed，1983。

这是美国默克(Merck)公司出版的一本辞典，初版于 1889 年，1983 年出版第十版，它收集了 10000 种化合物的性质、制法和用途，4500 多个结构式，42000 多条化学产品和药物的命名。在“Organic Name Reactions”部分中，介绍了在国外文献资料中常见的用人名命名的反应，列出了反应条件及最初发表论文的作者和出处，并同时列出了有关反应的综述性文献资料的出处，以便进一步查阅。卷末有分子式和主题索引。

(5) *Beilstein's Handbuch der Organischen Chemie*(贝尔斯坦有机化学大全)。

最早在 1881 年至 1883 年出版了两卷，是当时所有学科中分类最全面的参考书。从 1910 年的第一补编(EⅠ)至 1959 年的第四补编(EⅣ)以德文出版。1960 年起第五补编(EⅤ)以英文出版，但不完全。Beilstein 手册所涉及的文献年度如下：

H	Vol. 1～27	～1909
EⅠ	Vol. 1～27	1910～1919
EⅡ	Vol. 1～27	1920～1929
EⅢ	Vol. 1～16	1930～1949
EⅢ/Ⅳ	Vol. 17～27	1930～1959
EⅣ	Vol. 1～16	1950～1959
EⅤ	Vol. 17～27	1960～1979

无论在哪一卷中，Beilstein 手册均按化合物官能团的种类来排列，一种化合物始终以同样的分类体系来处理。因此，一旦得到一个化合物的系统号，就可以容易地在整个手册中找到它。

1991 年出版了英文的百年累积索引，对所有化合物提供了物质名称和分子式索引，所引文献覆盖 1779 年至 1959 年。

SANDRA(结构和评论分析)的计算机程序可用于检索 Beilstein 手册里的某一化合物。SANDRA 可以通过一种物质的结构或基础结构给出所需物质的系统号，即使该物质没有收集在 Beilstein 手册中。

通过 STN 计算机软件和对话窗口，可以连接 Beilstein 在线。Beilstein 在线文件可通过多种方式查看，如化学文摘、登录号、化学基础结构、物理性质和其他在印刷版中没有引入的一些参数。

自 1995 年起，Beilstein 启动了一个称为 Grossfire 的体系，通过访问一个专用的客户服务器体系，通过因特网可以连接超过 600 万种化合物和 500 万个反应的基础数据库。

(6) *CRC Handbook of Chemistry and Physics*。

CRC 出版，给出大约 1.5 万种有机化合物的物理性质和在 Beilstein 中的相关数据。

(7) *Lange's Handbook of Chemistry*(兰氏化学手册)。

该书于 1934 年出第一版，1999 年出第十五版，由 McGraw-Hill Company 出版。该书为综合性化学手册，包括了综合的数据和换算表，以及化学各学科中物质的光谱学、热力学性质，其中给出了 7000 多种有机化合物的物理性质。

(8) Aldrich NMR 谱图集。

Aldrich 化学公司(Milwaukee，Wisconsin) 出品，共两卷，收集了约 3.7 万张谱图。

(9) Sadtler NMR 谱图集，Sadtler 标准棱镜红外光谱集。

Sadtler NMR 谱图集由美国宾夕法尼亚州 Sadtler 研究实验室收集。至 1996 年已经收入了超过 6.4 万种化合物的质子 NMR 谱图，以后每年增加 1000 张。该 NMR 谱图集对不同环境氢质子的共振信号和积分强度给予相应的指认。此外还有 4.2 万种化合物的 ^{13}C NMR 质子去偶谱图也由该实验室发表。

Sadtler 标准棱镜红外光谱集，由美国宾夕法尼亚州 Sadtler 研究实验室收集。至 1996 年已经出版 1～123 卷，收入了超过 9.1 万种化合物的红外光谱谱图。同时还收入了超过 9.1 万种化合物的相应光栅红外光谱图。

(10) Aldrich 红外光谱集。

1981 年出版第三版，Aldrich 化学公司出品。该公司还于 1983 年至 1989 年出版了 3 册傅里叶红外光谱谱图集。

1.10.2 与有机化学相关的化学期刊

原始研究论文是定期发表于专业学术期刊上的最重要的第一手信息来源，一般以全文、研究简报、短文和研究快报形式发表。下面列出一些主要的有机化学领域的期刊。

(1) *Journal of the American Chemical Society*，缩写为 J Am Chem Soc，美国化学会会志，1879 年创刊，由美国化学会主办。发表所有化学学科领域高水平的研究论文和简报，是世界上最有影响的综合性化学期刊之一。

(2) *Angewandte Chemie International Edition*，缩写为 Angew Chem，德国应用化学国际版。该刊 1888 年创刊(德文)，由德国化学会主办。从 1962 年起出版英文国际版。主要刊登覆盖整个化学学科研究领域的高水平研究论文和综述文章。

(3) *Journal of the Chemical Society*，缩写为 J Chem Soc，英国化学会志，1848 年创刊，由英国皇家化学会主办，为综合性化学期刊。1972 年起分 6 辑出版，其中 *Perkin Transactions* 的Ⅰ和Ⅱ分别刊登有机化学、生物有机化学和物理有机化学方面的全文。研究简报则发表在另一辑上，刊名 *Chemical Communications*(化学通讯)，缩写为 Chem Commun。

(4) *Journal of Organic Chemistry*，缩写为 J Org Chem，有机化学杂志，1936 年创刊，由美国化学会主办。初期为月刊，1971 年改为双周刊。主要刊登涉及整个有机化学学科领域高水平的研究论文的全文、短文和简报。

(5) *Tetrahedron*，四面体，英国牛津 Pergamon 出版，1957 年创刊，初期不定期出版，1968 年改为半月刊。是迅速发表有机化学方面权威评论与原始研究通讯的国际性杂志，主要刊登有机化学各方面的最新实验与研究论文。多数以英文发表，也有部分文章以德文或法文刊出。

(6) *Synthetic Communications*，缩写为 Syn Commun，合成通讯，美国 Dekker 出版的国际有机合成快报刊物。1971 年创刊，原名为 *Organic Preparations and Procedures*，双月刊。1972 年改为现名，每年出版 18 期。主要刊登合成有机化学有关的新方法、试剂的制备与使用方面的研究简报。

(7) *Synthesis*，合成。德国斯图加特 Thieme 出版的有机合成方法学研究方面的国际性刊物，1969 年创刊，月刊。主要刊登有机合成化学方面的评述文章、通讯和文摘。

(8)《中国科学》化学专辑，由中国科学院主办，1950 年创刊，最初为季刊，1974 年改为双月刊，1979 年改为月刊，有中、英文版。1982 年起中、英文版同时分 A 和 B 两辑出版，化学在 B 辑中刊出。从 1997 年起，《中国科学》分成 6 个专辑，化学专辑主要反映我国化学学科各领域重要的基础理论方面的和创造性的研究成果。

1.10.3 化学文摘

文摘提供了发表在期刊、综述、专利和著作中原始论文的简明摘要，是检索化学信息的快速工具。以下主要介绍 *Chemical Abstracts*(美国化学文摘)。

Chemical Abstracts，美国化学文摘，简称为 CA，是检索原始论文最重要的参考来源。它创刊于 1907 年。

在 CA 中对每一个文献中提到的物质都给予一个唯一的登录号，这些登录号已在整个化学文献中广泛使用。描述一种特定化合物的制备和反应的文献可以方便地通过查阅该化合物的登录号来找到原始文献的出处。当然，也可通过分子式索引弄清楚某化合物在 CA 中的命名，然后通过化学物质索引查到该物质中所需要的条目，从而找到关于该物质的文摘。

在 CA 的文摘中一般可以看到以下几个内容：文题；作者姓名；作者单位和通信地址；原始文献的来源（期刊、著作、专利和会议等）；文摘内容；文摘摘录人姓名。

目前可以网络登录检索 CA 数据库，CA 网络版即 SciFinder，提供了结构式检索，使用极为方便。

1.10.4　参考书

在有机化学实验中要设计和选定适合某一有机化合物的合成路线和方法，其中包括试剂的处理方法、反应条件和后处理步骤，因而查阅一些有机合成参考书和制备手册是必需的。常见的有机合成参考书如下：

(1) *Annual Reports in Organic Synthesis*，Academic Press(New York)出版，1970 年创刊至今。每年报道有用的合成反应评述。

(2) *Compendium of Organic Synthetic Methods*，John Wiley & Sons 出版，1971 年至 1995 年出版了 1～8 卷。该书扼要介绍了有机化合物主要官能团间可能的相互转化，并给出了原始文献的出处。

(3) *Organic Reactions*，John Wiley & Sons 出版，1942 年创刊至今，至 1996 年已出版了 48 卷，每卷包括 5～12 章。详细介绍了有机反应的广泛应用，给出了典型的实验操作细节和附表。此外还有作者和文题索引。

(4) *Organic Synthesis*，John Wiley & Sons 出版，1932 年创刊至今，至 1996 年已出版了 74 卷。从 1 至 59 卷，每 10 卷汇编成册（Ⅰ～Ⅵ），从Ⅷ起每 5 年汇编成一册。详细描述了总数超过 1000 种化合物的有机反应。在发表前，所有反应的实验步骤都要被复核至彻底无误。报道的许多方法都带有普遍性，可供参考用于相应的类似物合成。每册累积汇编中都有分子式、化学物质名称、作者名称和反应类型的索引。另外还有反应试剂和溶剂的纯化步骤，特殊的反应装置。第Ⅰ卷至第Ⅷ卷的累积索引已于 1995 年出版。此外在第Ⅰ卷至第Ⅶ卷中所提供的所有反应的反应索引指南也已出版。

(5) *Synthetic Methods of Organic Chemistry*，由 Theilheimer 和 Finch 主编，Interscience 出版。1948 年出版至今，至 1996 年已出版了 50 卷，着重于描述用于构造碳碳键和碳-杂原子键的化学反应和一般反应官能团之间的相互转化。反应可以按照系统排列的符号进行分类。书中还附有累积索引。

(6) 有机制备化学手册，韩广甸等编译，石油化学工业出版社，1977 年出版。全书分总论和专论等 43 章，分上、中、下三册。书中包括基本操作及理论基础、安全技术及有机合成的典型反应等。

(7) *A Textbook of Practical Organic Chemistry*，Vogel 主编，这是一本较完备的实验教科书。内容主要分三个方面：实验操作技术、基本原理及实验步骤、有机分析。

1.10.5　网络资源

(1) 美国化学学会（the American Chemical Society，ACS）数据库（http://pubs.acs.org）。

ACS 是享誉全球的科技出版机构。ACS 出版 34 种期刊，内容涵盖以下领域：生化研究方法、药物化学、有机化学、普通化学、环境科学、材料学、植物学、毒物学、食品科学、物理化学、环境工程学、工程化学、应用化学、分子生物化学、分析化学、无机与原子能化学、资料系统计算机科学、学科应用、科学训练、燃料与能源、药理与制药学、微生物应用生物科技、聚合物、农业学。

网站除具有索引与全文浏览功能外，还具有强大的搜索功能，查阅文献非常方便。

(2) 英国皇家化学学会(Royal Society of Chemistry，RSC)期刊及数据库(http://www.rsc.org)。

RSC出版的期刊及数据库是化学领域的核心期刊和权威性数据库。

数据库 Methods in Organic Synthesis(MOS)，提供有机合成方面最重要进展的通告服务，提供反应图解，涵盖新反应、新方法，包括新反应和试剂、官能团转化、酶和生物转化等内容，只收录在有机合成方法上具有新颖性特征的条目。

数据库 Natural Product Updates(NPU)，有关天然产物化学方面最新发展的文摘，内容选自100多种主要期刊，包括分离研究、生物合成、新天然产物及来自新来源的已知化合物、结构测定，以及新特性和生物活性等。

(3) Reaxys数据库(http://www.elsevier.com/online-tools/reaxys)。

Reaxys为CrossFire Beilstein/Gmelin的升级产品。Reaxys是一个全新的辅助化学研发的在线解决方案，它是将著名的CrossFire Beilstein、Gmelin、Patent Chemistry数据库进行整合而成。

(4) 美国专利商标局网站数据库(http://www.uspto.gov)。

该数据库用于检索美国授权专利和专利申请，免费提供1790年至今的图像格式的美国专利说明书全文，1976年以来的专利还可以看到HTML格式的说明书全文。该系统检索功能强大，可以免费获得美国专利全文。

(5) John Wiley电子期刊(http://www.interscience.wiley.com)。

目前John Wiley出版的电子期刊有363种，其中化学类期刊110种。该出版社期刊的学术质量很高，是相关学科的核心资料，其中被SCI收录的核心期刊近200种。

(6) Elsevier Science电子期刊全文库(http://www.sciencedirect.com)。

Elsevier Science公司出版的期刊是世界上公认的高品质学术期刊。

(7) 中国期刊全文数据库(http://www.cnki.net)。

收录1994年至今的5300余种核心与专业特色期刊全文，网上数据每日更新。

第 2 章　有机化合物物理常数的测定

2.1　熔点的测定

熔点是纯净固体有机化合物的重要物理常数之一，它是固体化合物在大气压(101.325 kPa)下固-液两相达到平衡时的温度。化合物温度不到熔点时以固相存在，加热使温度上升，达到熔点，开始有少量液体出现，而后固-液相平衡。继续加热，温度不再变化，此时加热所提供的热量使固相不断转变为液相，两相间仍为平衡，最后的固体熔化后，继续加热则温度线性上升。纯净的固体有机化合物一般都有固定的熔点，从开始熔化(初熔)至完全熔化(全熔)的温度范围(称为熔程或熔距)极短，一般为 0.5～1 ℃(液晶除外)。因此在接近熔点时，加热速度一定要慢，每分钟温度升高不能超过 2 ℃，只有这样，才能使整个熔化过程尽可能接近于两相平衡条件，测得的熔点也越精确。

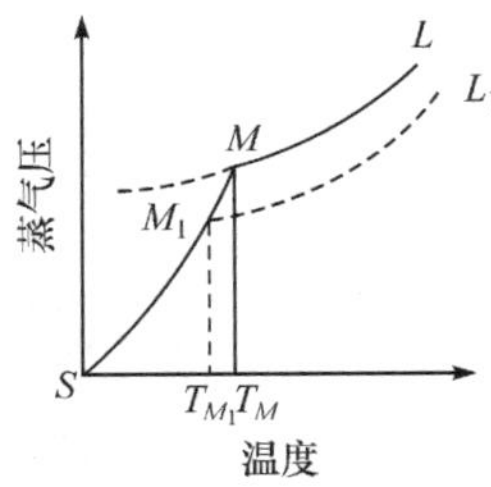

图 2-1　物质蒸气压与熔点关系图

当含杂质时(假定两者不形成固溶体)，根据拉乌尔定律可知，在一定的压力和温度条件下，在溶剂中增加溶质，导致溶剂蒸气分压降低(图 2-1 中 M_1L_1)，固液两相交点 M_1 即代表含有杂质化合物达到熔点时液相平衡共存点，T_{M_1} 为含杂质时的熔点，显然，此时的熔点较纯粹者低。

不纯物质的熔点一般会降低，熔程增长，因此通过熔点测定可以判断有机化合物的纯度，并且通过测定有机化合物的混合熔点可以判断具有相同熔点的两种物质是否为同一种物质。

有些化合物加热时常易分解，如产生气体、炭化、变色等。由于分解产物的生成，原化合物即混有杂质，熔点即下降。分解产物生成的数量常依加热快慢而异，所以易分解样品的熔点也随加热快慢而不同。为了使他人能重复测得相同的熔点，对易分解物质的熔点测定常需作较详细的说明，并在熔点之后用括号注明"(分解)"。这种分解通常显示为样品变色。对于易吸潮的物质，装好后立即把毛细管口用小火熔封以防吸潮。

测定熔点方法较多，主要有 b 形管法、数字熔点仪测定法等。下面分别介绍这两种方法。

2.1.1　b 形管法测熔点

1. 样品的填装

取一根内径 1 mm、长 8～10 cm 薄壁毛细管，将一端在酒精灯上转动加热、烧熔封口。取干燥、研细[1]的样品放在干燥洁净的表面皿上，将毛细管开口端插入样品中，使样品挤入管内。然后取一根长 30～40 cm 的玻璃管，垂直于桌面上，将毛细管开口端朝上，从玻璃管上端自由落下，上下弹跳几次，使样品装填均匀紧密，高度以 2～3 mm 为宜。填装样品时操作要迅速，防止样品吸潮，装入的样品要结实均匀无空隙。

2. 仪器装置

b 形管法中最常用的仪器是提勒管。取一支提勒管固定在铁架台上，装入导热液(浓硫酸、液体石蜡或硅油等)至略高于支管口上沿。管口配一插有温度计的开槽塞子(或将温度计悬挂)。预计温度低于 140 ℃,最好选用液体石蜡和甘油,好的液体石蜡可加热到 220 ℃不变色;若预计温度高于 140 ℃,可选用浓硫酸。选择使用浓硫酸作加热浴液要特别小心,不能让有机物碰到浓硫酸,否则使溶液颜色变深,有碍熔点的观察。若出现这种情况,可加入少许硝酸钾晶体共热后使之脱色。采用浓硫酸作热浴,适用于测熔点在 220 ℃以下的样品。若要测熔点在 220 ℃以上的样品可用其他热浴液,如硅油可加热到 250 ℃而不变色,安全无腐蚀性,但价格较贵。

装好样品的毛细管通过导热液紧附在温度计上,使毛细管装样品部分位于温度计水银球的中部,并用橡皮圈将毛细管缚在温度计上(注意橡皮圈不能浸入导热液中,如图 2-2 所示)。调整温度计的位置,使其水银球在 b 形管两支管的中间[2]。

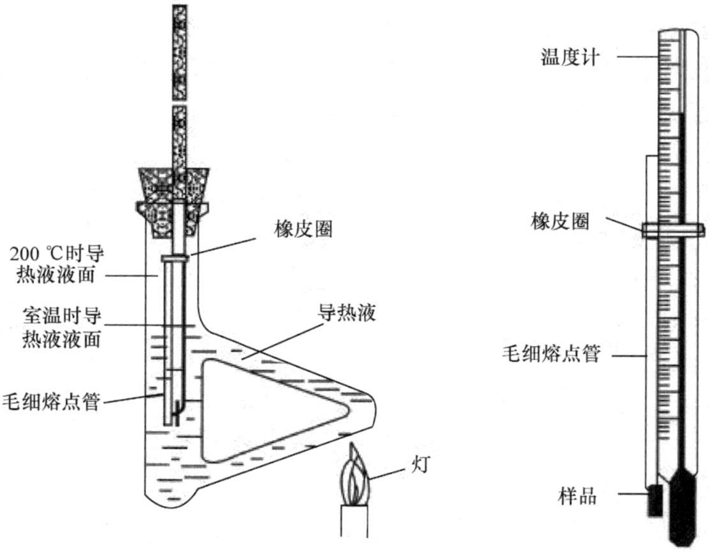

图 2-2　b 形管法测定熔点

3. 熔点测定

慢慢加热 b 形管的支管连接处,若测定已知样品的熔点,可先以较快的速率加热,在距离熔点约 15 ℃时,减慢加热速率,每分钟升温 1～2 ℃[3],接近熔点温度时,每分钟升温约 0.2 ℃至测出熔程。当毛细管中样品开始萎缩塌落和有湿润现象、出现小液滴时,表明样品已开始熔化即初熔(或始熔),记录此温度。继续微热至样品完全成透明液体,即全熔时迅速记录温度。这个温度范围就是该样品的熔程。对于未知样品,要先粗测熔点范围,再用上述方法细测。

熔点测定应该至少平行测定两次,每次都必须用新的熔点管另装新样品测定[4],而且必须等待导热液冷却到低于此样品熔点 15～20 ℃时,才能再次进行测定。

实验完成后,一定要待熔点浴冷却后,方可将浓硫酸倒回瓶中。温度计冷却后,用废纸擦去硫酸,方可用水冲洗,否则温度计极易炸裂。

注意事项

[1] 样品粉碎要细,填装要均匀紧密,这样受热才均匀,否则产生空隙,不易传热,导致熔

程不规则拖长,影响测定结果。

[2] 此处导热液对流循环好,样品受热均匀。

[3] 以较慢的速率加热,使热量有充分的传输时间从热源通过传热介质传到毛细管内待测样品,减少观察上的误差。

[4] 已测定过的样品或由于分解或晶形改变,会与原样品不同,不能再用于测定。

2.1.2 数字熔点仪测定法

使用数字熔点仪进行测定,方便、准确、易于操作。以 WRS-1A 型数字熔点仪(图 2-3)为例,其采用光电检测、数字温度显示等技术,具有初熔、终熔自动显示等功能。该熔点仪的温度系统应用了线性校正的铂电阻作检测元件,并用集成化的电子线路实现快速“起始温度”设定及八挡可供选择的线性升温速率自动控制。初熔、全熔读数可自动储存,具有无需人监视的功能。仪器采用熔点管作为样品管。使用 WRS-1A 型数字熔点仪测定熔点具体操作步骤如下:

(1) 开启电源开关,稳定 20 min,此时保温灯亮,初熔灯亮,电表偏向右方,初始温度为 50 ℃左右。

(2) 设定起始温度,设定过程中指示灯亮。

(3) 选择升温速率,将波段开关调至需要位置。

(4) 预置灯熄灭时,起始温度设定完成,可插入装有样品的熔点管,此时电表基本指零,初熔灯熄灭。

(5) 调零,使电表完全指零。

(6) 按下升温按钮,仪器将按选定的速率线性升温,其上方的升温指示灯亮(注意无熔点管样品,程序将无法执行,读数屏将出现随机数提示纠正操作)。

数分钟后,初熔指示灯先闪亮,然后出现终熔读数显示,欲知初读数,按初熔按钮即可得初熔示值。

只要电源未切断,上述读数值将保留至测下一个样品。

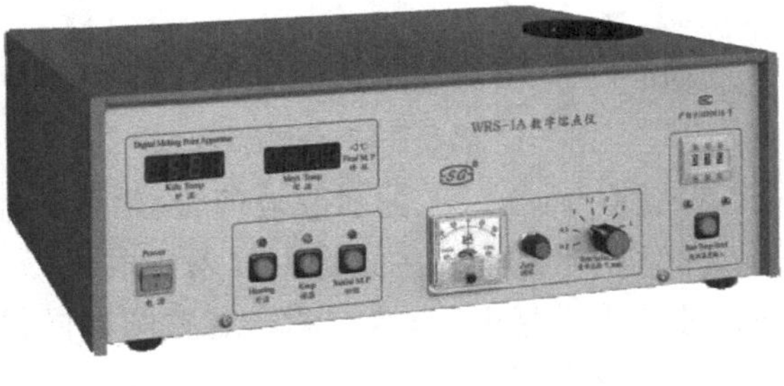

图 2-3　WRS-1A 型数字熔点仪

2.2 沸点的测定

液体分子由于分子运动有从表面逸出的倾向,这种倾向随着温度的升高而增大。如果把液体置于密闭的真空体系中,液体分子不断逸出而在液面上部形成蒸气,最后使得分子由液体逸出的速率与分子由蒸气中回到液体中的速率相等,使其蒸气保持一定的压力。此时液面上的蒸气达到饱和,称为饱和蒸气。它对液面所施加的压力称为饱和蒸气压。实验证明,液体的蒸气压大小只与温度有关,即液体在一定温度下具有一定的蒸气压。这是指液体与它的蒸气平衡时的压力与体系中存在的液体和蒸气的绝对量无关。液体化合物均具有蒸气压,且蒸气压只与外界温度有关,温度越高,蒸气压越大,当蒸气压增大到与外界压力相同时,液体内部会有大量气泡逸出,即液体沸腾。沸点是液体化合物的蒸气压与外界大气压相等时的温度。若大气压有变化,那么使液体化合物的蒸气压达到该大气压的温度也会相应发生变化,即沸点会随大气压的变化而发生变化。

将液体加热至沸腾,使液体变为蒸气,然后蒸气冷却凝结为液体,这两个过程的联合操作称为蒸馏。纯净的液体有机化合物在一定的压力下具有一定的沸点(沸程 0.5～1.5 ℃)。利用这一点,可以采用普通蒸馏法来测定纯液体有机物的沸点,又称常量测沸点法。沸点测定对鉴定液体纯度有一定的意义。但是具有固定沸点的液体不一定都是纯净物,因为某些有机化合物常和其他组分形成二元或三元共沸混合物,它们也有一定的沸点。

当液体的量比较少时,沸点常采用如下提勒管微量方法进行测定(图 2-4)。

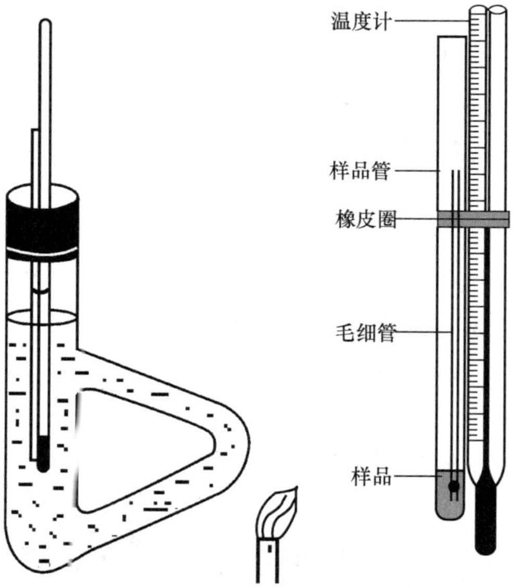

图 2-4　微量法沸点测定装置

通常取一根内径 2～4 mm、长 8～10 cm 的薄壁玻璃管,用小火封闭其一端,作为沸点管的外管,放入待测定沸点的样品 4～5 滴[1],在此管中放入一根长 7～8 cm,内径约 1 mm 的上端封闭的毛细管,即开口处浸入样品中,与熔点测定装置图相同,加热,由于气体膨胀,内管中不断有小气泡冒出,当到达样品沸点时,将出现一连串小气泡[2],此时应停止加热,使热浴温度下降,气泡逸出的速率渐渐减慢,仔细观察,最后一个气泡出现而刚欲缩回到管内的瞬间温度就是毛细管内液体蒸气压与大气压平衡时的温度,也就是该液体的沸点,待温度下降 15～20 ℃后,可重新加热导热液再测一次(两次所测得的温度数值不得相差 1 ℃),平行测定三次[3]。

注意事项

[1] 加热速率不能过快，同时被测液体不宜太少，以避免液体全部气化。

[2] 沸点内管里的空气要尽量除干净，正式测定前，让沸点内管里有大量气泡冒出，以此带出空气。

[3] 沸点测定要重复几次，要求几次测量的误差不超过 1 ℃。

2.3　液体折光率的测定

折光率是液体化合物一个重要的物理常数，作为液体物质纯度的标准，它比沸点更为可靠。通过测定折光率可以判断液体有机化合物的纯度和鉴定未知物。

光在不同介质中传播的速率是不同的，从介质 A 射入介质 B 时，入射角 α 与折射角 β 的正弦之比称为折光率 n(图 2-5)，公式如下：

$$n=\frac{\sin\alpha}{\sin\beta}$$

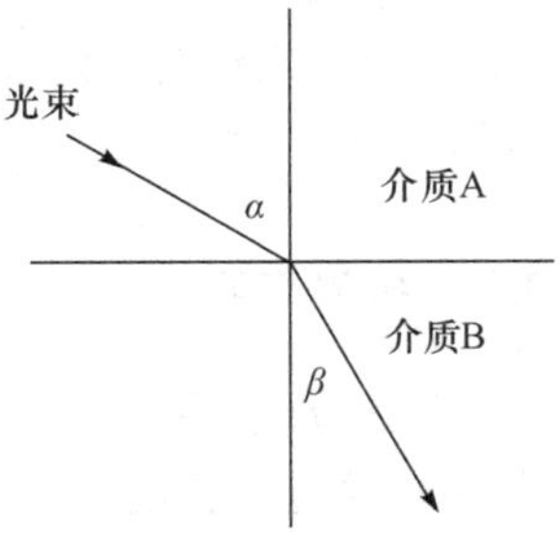

图 2-5　光的折射现象

化合物的折光率受温度和入射光波长两个因素的影响，所以表示折光率时必须标明测定时的温度和光线波长。一般以钠光作为光源(波长为 589 nm，以 D 表示)，在 20 ℃时测定化合物的折光率，所以折光率以下式表示，如

$$n_D^{20}=1.4892$$

一般温度升高 1 ℃，液体化合物的折光率降低 3.5×10^{-4}～5.5×10^{-4}。为了便于不同温度下折光率的换算，一般采用 4.5×10^{-4} 为温度常数，用下式进行粗略的计算：

$$n_{correct}=n_{observed}+0.00045\times(t-20.0)$$

实验室通常使用阿贝折光仪来测定液体化合物的折光率。阿贝折光仪的构造如图 2-6 所示，其测定液体折光率方法如下所述。

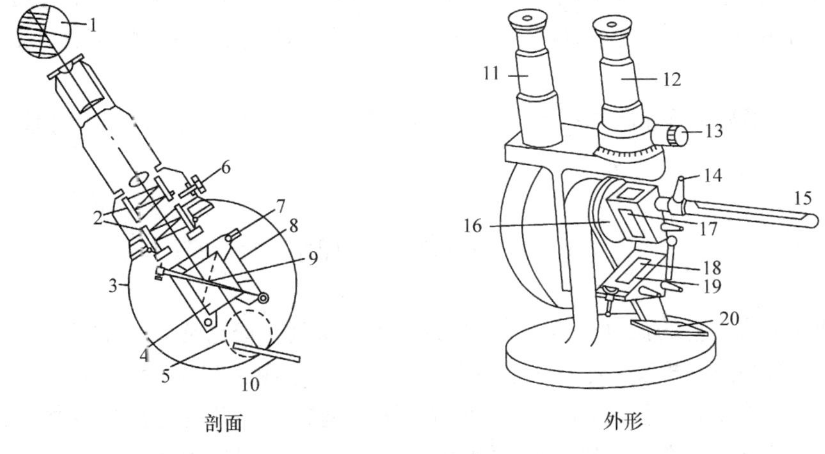

图 2-6　阿贝折光仪的构造

1. 测量望远镜中的视场；2. 消色散棱镜；3. 刻度盘；4. 辅助棱镜；5. 转动手柄；6. 消色散手柄；7. 温度计；8. 测量棱镜；9. 转轴；10. 反射镜；11. 读数显微镜；12. 测量望远镜；13. 消色散手柄；14. 恒温水入口；15. 温度计；16. 转轴；17. 测量棱镜；18. 辅助棱镜；19. 加液槽；20. 反射镜

2.3.1　仪器校正

开启恒温水浴，通入恒温水(一般为 20 ℃或 25 ℃)。当水恒温后，松开锁钮，开启下面棱镜，使镜面处于水平位置，滴 1～2 滴乙醇或丙酮于镜面上，合上镜面，以除去难挥发的污物，再打开棱镜，用丝巾或擦镜纸轻轻擦拭镜面[1]。

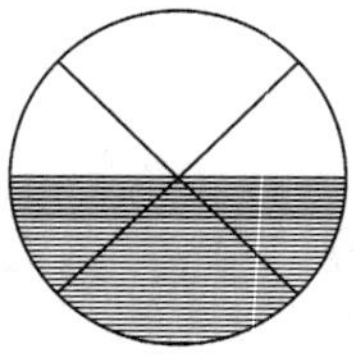

图 2-7　阿贝折光仪在测量时的半明半暗视图

用重蒸馏水校正：打开棱镜，滴 1～2 滴蒸馏水于下面镜面上，关紧棱镜，转动刻度盘罩外手柄(棱镜被转动)，使刻度盘上的读数等于蒸馏水的折光率(n_D^{20} = 1.3329，n_D^{25} = 1.3325)，调节反射镜使入射光进入棱镜组，并从测量望远镜中观察，使视场最明亮，调节目镜，使视场十字线交点最清晰。转动消色散调节器，消除色散，得到清晰的明暗界线，然后用仪器附带的小旋棒旋动位于镜筒外壁中部的调节螺丝，使明暗线对准十字交点[2]，如图 2-7 所示，校正完毕。

2.3.2　折光率测定

轻轻打开棱镜，用滴管将 2～3 滴待测液体均匀地滴在下面的磨砂面棱镜上，要求液体无气泡并充满整个视场，关紧棱镜[3]。若测定易挥发样品，可用滴管从棱镜间小槽滴入。调节反光镜和小反光镜，使两镜筒视场最亮。旋转棱镜转动手柄，在目镜中能观察到明暗分界线。如果出现色散光带，可调节消色散手柄，使明暗清晰，然后再旋转棱镜转动手柄，使明暗分界线恰好通过目镜中十字交叉点，记录从镜筒中读取的折光率数值，读至小数点后四位，同时记录测量温度。重复测定两三次，取其平均值为该样品的折光率。

仪器用完后洗净两镜面，晾干后合紧两镜面，用仪器罩盖好或放入木箱内[4]。

注意事项

[1] 操作时要特别小心，严禁触及棱镜，特别是汗手、油手及滴管的末端等。

[2] 若边界有颜色或出现漫射，可转动消色散棱镜，直至边界呈无色和明暗界线清晰。若观察不到半明半暗的分界线，而是畸形的分界线，表明棱镜间未充满液体。若出现弧形光环，则可能是有部分光线未经过棱镜面直接照射在聚光镜上，应重新调整入射光的角度。

[3] 测定有毒样品的折光率时，应在通风橱内进行。酸、碱等腐蚀性液体不得使用阿贝折光仪。

[4] 用完后，要流尽金属套中的恒温水，拆下温度计并放在纸套筒中，将仪器擦净，放入盒中。

2.4　旋光度的测定

光是一种电磁波，它的振动方向与前进方向相互垂直。普通光线中含有各种不同波长的光波，可以在不同平面上振动，但当通过尼科尔(Nicol)棱镜后，光线就只在一个平面内振动，这种在一个平面上振动的光线称为平面偏振光，简称偏振光。某些有机化合物，特别是一些天然有机化合物，其分子具有手性能使偏振光振动平面旋转而显旋光性。使偏振光振动平面向左旋转一定角度的称为左旋物质，向右旋转的称为右旋物质。偏振光通过旋光性物质后使偏振光振动平面旋转的角度称为旋光度，以 α 表示。

比旋光度是旋光物质的特性常数之一，通过测定旋光度，可以检验旋光性物质的纯度和含量。测定旋光度的仪器称为旋光仪，主要有两种类型：一种是直接目测的，基本结构如图 2-8 所示；另一种是自动显示数值的。

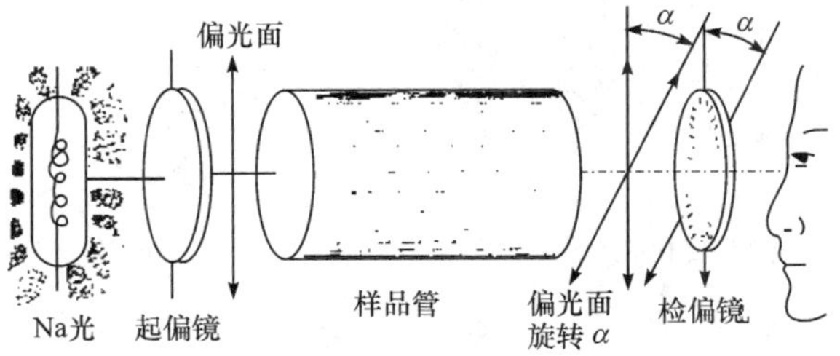

图 2-8　旋光仪结构示意图

光线从光源经过起偏镜变成平面偏振光，再经过盛有旋光性物质的样品管时，物质的旋光性致使偏振光不能通过第二个棱镜，必须转动检偏镜，才能通过。调节附有刻度盘的检偏镜进行配光，检偏镜所旋转的角度数和方向就是该物质在此浓度时的旋光度。若刻度盘向右旋转，样品的旋光性是右旋的，用(＋)表示；若刻度盘向左旋转，则表明样品的旋光性为左旋，以(－)表示。

物质的旋光度与物质的浓度、温度、溶剂和样品管长度及所用光源的波长等都有关系，因此常用比旋光度$[\alpha]_\lambda^t$来表示物质的旋光性，比旋光度与旋光度的关系为

$$\text{纯液体的比旋光度}=[\alpha]_\lambda^t=\alpha/lc$$

$$\text{溶液的比旋光度}=[\alpha]_\lambda^t=\alpha/lc_{\text{样品}}$$

式中，t 为测定时的温度；λ 为所用光源的波长；$[\alpha]_\lambda^t$表示旋光性物质在温度为 t、光源波长为 λ 时的比旋光度；α 为实测物质的旋光度；l 为样品管长度，单位为 dm；c 为纯液体的浓度；$c_{\text{样品}}$为样品的质量浓度(100 mL 溶液中所含样品的质量)，单位为 g/mL。

旋光仪操作步骤如下。

2.4.1　预热

接通电源，打开开关，预热 5 min，等光源发出稳定的光后即可开始测定。

2.4.2　旋光仪零点的校正

在测定样品前，先要校正旋光仪的零点。具体方法：将洁净的样品管竖立，装入蒸馏水，使液面凸出管口，将玻璃盖沿管口边缘轻轻平推盖好，不能带入气泡，然后旋上螺丝帽盖，不漏水，不要过紧，过紧会使玻璃盖产生扭力，致使管内有空隙，影响测定结果。将样品管擦干，放入旋光仪内，盖上盖子，将刻度盘调至零点附近，旋转手柄，使视场内三部分亮度均一(图 2-9)，记录读数，重复操作三次，取平均值。若零点相差太大时，应重新调节仪器。

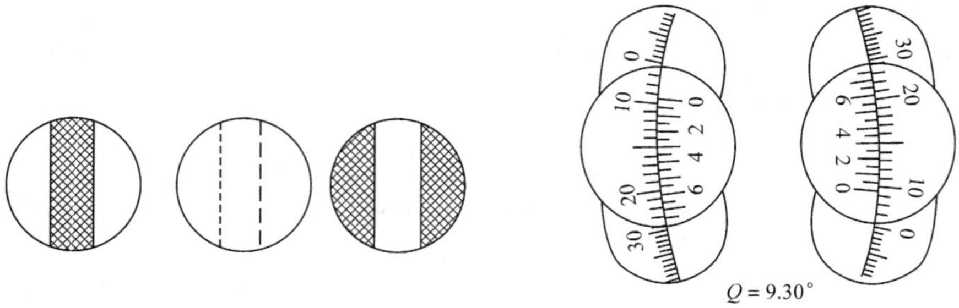

(a) 三分视场明暗变化示意图　　(b) 游标读数示意图

图 2-9　旋光仪三分视场(a)及游标读数示意图(b)

2.4.3　测定

准确称取 5.0 g 样品(如蔗糖)放在 50 mL 容量瓶中配成溶液。用少量溶液润洗样品管两次,将溶液装入样品管中,依上述方法测定其旋光度。取三次读数的平均值,所得的读数与零点之间的差值即为该样品的旋光度。记录样品管的长度和测定时的温度,然后按公式计算其比旋光度。

对观察者来说刻度盘顺时针旋转为向右(＋),这样测得的$+\alpha$,既符合右旋 α,也可以代表$\alpha \pm n \times 180°$的所有值。因为偏振光在旋光仪中旋转 α 角度后,它所在的平面与从这个角度向左或向右旋转 n 个 180°后所在平面完全重合,所以观察值为 α 时,实际角度有可能是 $\alpha \pm n \times 180°$。因此,在测定一个未知物的旋光度时,至少要做改变样品浓度和样品管长度的测定实验。例如,观察值为＋40°,在稀释 5 倍后,读数为＋8°,则此未知物的 α 应为(8×5)°＝40°。

测量完毕,将样品管中的液体倒出,洗净、吹干,并在橡皮垫上加滑石粉保存。

第 3 章　有机化合物分离与纯化

3.1　蒸　　馏

3.1.1　普通蒸馏

蒸馏是分离和纯化液体有机化合物常用的方法之一。当液体物质被加热，该物质的蒸气压达到液体表面大气压时，液体沸腾，此时的温度即该液体物质的沸点。常压蒸馏就是将液体加热到沸腾状态，使该液体变成蒸气，又将蒸气冷凝得到液体的过程。液体化合物在一定的压力下都有固定的沸点，利用蒸馏可将两种及两种以上沸点相差较大(>30 ℃)的液体混合物分开。但是某些有机化合物能和其他组分形成二元或三元共沸混合物，它们也有固定的沸点，因此具有固定沸点的液体，有时不一定是纯化合物。纯液体化合物的沸程一般为 0.5～1 ℃，混合物的沸程则较长。因此，蒸馏操作既可用来定性地鉴定化合物，也可用于化合物纯度的判定。

1. 常量普通蒸馏

常量普通蒸馏装置图如图 3-1 所示，其主要仪器包括蒸馏烧瓶、蒸馏头、温度计、直形冷凝管、尾接管、锥形瓶等。蒸馏时，按图 3-1 将装置从下至上、从左至右依次装好，注意各磨口之间的连接。选择一个大小合适的圆底烧瓶，被蒸馏的液体量占烧瓶容积的 1/3～2/3。

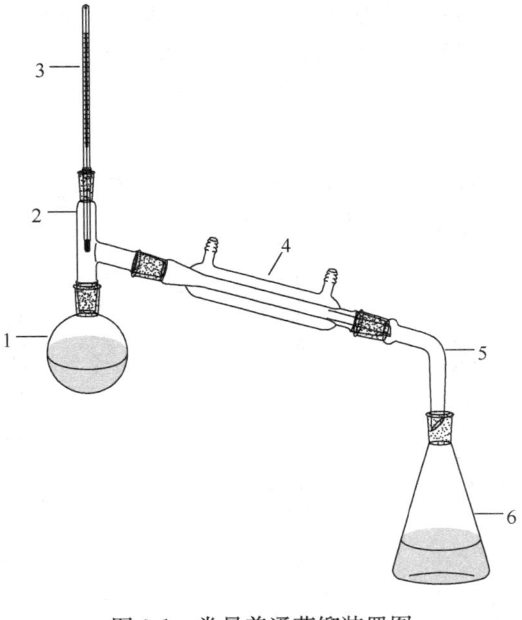

图 3-1　常量普通蒸馏装置图

1. 圆底烧瓶；2. 蒸馏头；3. 温度计；4. 直形冷凝管；5. 尾接管；6. 锥形瓶

温度计经套管插入蒸馏头中，且温度计水银球的上沿正好与蒸馏头的支管口下端相齐。将待蒸馏的液体加入蒸馏烧瓶中，并放入两粒沸石。向冷凝管缓缓通入冷凝水。冷凝水由冷凝管下口缓缓通入，自上口流出引至水槽中。然后开始加热，最初宜小火使之沸腾，加热时可以看见蒸馏瓶中的液体逐渐沸腾，蒸气逐渐上升，温度计的读数也略有上升。当蒸气的顶端到达温度计水银球部位时，温度计读数急剧上升，开始蒸馏。这时应适当降低加热电炉或电热套的电压，使加热速率略为减慢，让水银球上液滴和蒸气温度达到平衡。然后再稍稍加大电压，进行蒸馏。控制加热温度，调节蒸馏速率，通常以 1～2 滴/s 为宜。记录第一滴馏出液的温度。在蒸馏过程中应使温度计水银球始终被冷凝的液滴润湿，此时温度计读数就是液体的沸点，收集所需温度范围的馏出液。

进行蒸馏前，至少要准备两个接收瓶。因为在达到预期物质的沸点之前，有沸点较低的液体先蒸出，这部分馏液称为"前馏分"或"馏头"。前馏分蒸完，温度趋于稳定后，蒸出的就是较纯的物质，这时应更换一个洁净干燥的接收瓶接收，记录这部分液体开始馏出时和最后一滴时温度计的读数，即是该馏分的沸程(沸点范围)。一般液体中或多或少地含有一些高沸点杂质，在所需要的馏分蒸出后，若再继续升高加热温度，温度计的读数会显著升高，若维持原来的加热温度，就不会再有馏液蒸出，温度会突然下降。这时就应停止蒸馏。即使杂质含量极少，也不要蒸干，以免蒸馏瓶破裂及发生其他意外事故。

蒸馏完毕，先停止加热，后关冷凝水，按从上至下、从右至左的顺序拆卸装置。

蒸馏时要注意控制好加热温度。如果采用加热浴，加热浴的温度应当比蒸馏液体的沸点高出若干摄氏度，否则难以将被蒸馏物蒸馏出来。加热浴温度比蒸馏液体沸点高出的越多，蒸馏速率越快。但是，加热浴的温度也不能过高，否则会导致蒸馏瓶和冷凝器上部的蒸气压超过大气压，有可能发生事故，特别是在蒸馏低沸点物质时尤其需注意。一般地，加热浴的温度不能比蒸馏物质的沸点高出 30 ℃。整个蒸馏过程要随时添加浴液，以保持浴液液面超过瓶中的液面至少 1 cm。

蒸馏高沸点物质时，由于易被冷凝，往往蒸气未到达蒸馏烧瓶的侧管处已被冷凝而滴回蒸馏瓶中。因此，应选用短颈蒸馏瓶或者采取其他保温措施等，保证蒸馏顺利进行。

2. *微型蒸馏*

微型蒸馏装置由微型蒸馏头、微型圆底烧瓶组成。其中微型蒸馏头集常量蒸馏实验中冷凝管、接液管、馏出液接收瓶功能于一体(图 3-2)。

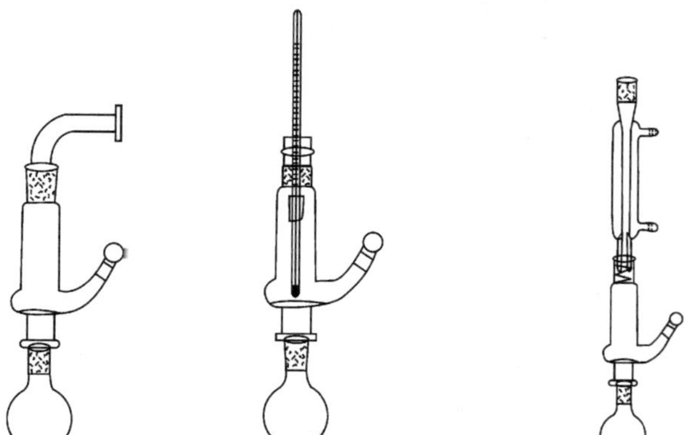

(a) 带微型弯管装置　(b) 带温度计装置　(c) 带微型冷凝管装置

图 3-2　微型蒸馏装置图

蒸馏时,被蒸馏液体在蒸馏瓶中受热气化,气雾升入蒸馏头的腹腔,体积膨胀并受到大面积冷却,冷凝下来的液体顺内壁流入承接阱(锥腔下部的环状凹槽)。温度计吊挂在直口中,其高度应使水银球的上沿与气雾升腾管的上口平齐。承接阱的容积约为 6 mL,因而可蒸馏的液体体积应小于 6 mL,通常用来蒸馏约 1 mL 的液体。蒸馏结束,将装置向侧口方向稍稍倾斜,用长颈滴管插进侧口吸出馏出液。在需要收集几个不同馏分的情况下,可使浴温缓缓上升,当低沸馏分蒸完后会有短暂的"温度下降"和"回流停止",此时应停止加热,吸出馏分,再重新蒸馏下一个馏分。但最好是以备用的另一个蒸馏头代替原来的蒸馏头,以避免不同馏分相互沾染。

3.1.2　分馏

分馏是提纯液体有机化合物的一种方法,主要适用于沸点相差不大的混合液体有机化合物的分离提纯。当物质的沸点十分接近时,约相差 30 ℃,则无法使用简单蒸馏法分离提纯,可改用分馏法分离提纯。

分馏是利用分馏柱将多次气化-冷凝过程在一次操作中完成的方法。混合液沸腾后蒸气进入分馏柱中被部分冷凝,冷凝液在下降途中与继续上升的蒸气接触,二者进行热交换,蒸气中高沸点组分被冷凝,低沸点组分仍呈蒸气上升,而冷凝液中低沸点组分受热气化,高沸点组分仍呈液态下降。结果是上升的蒸气中低沸点组分增加,而下降的冷凝液中高沸点组分增加。如此经过多次热交换,即达到连续多次蒸馏的效果,以致低沸点组分的蒸气不断上升,而被蒸馏出来;高沸点组分则不断流回蒸馏瓶中,从而将它们分离开来。

1. 常量分馏

常量分馏装置图如图 3-3 所示,其主要仪器设备包括圆底烧瓶、分馏柱、温度计、直形冷凝管、尾接管、锥形瓶等。

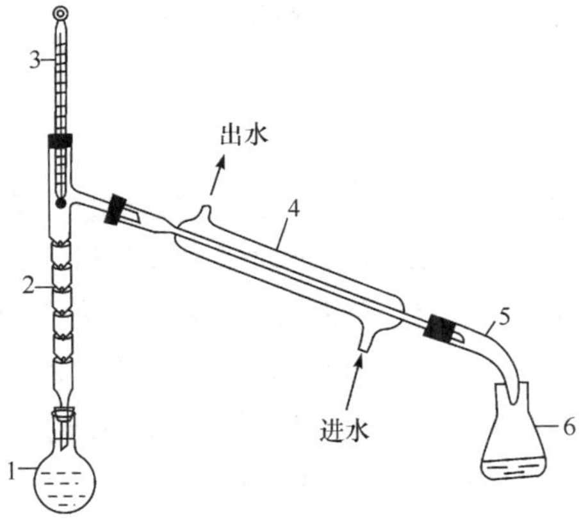

图 3-3　常量分馏装置图

1. 圆底烧瓶;2. 分馏柱;3. 温度计;4. 直形冷凝管;5. 尾接管;6. 锥形瓶

有机实验室一般用到韦氏分馏柱,又称刺形分馏柱。它是每隔一段距离就有一组向下倾斜的刺状物,且各组刺状物间呈螺旋状排列的分馏管。使用该分馏柱的优点是仪器装配简单,操作方便,残留在分馏柱中的液体少。

进行分馏操作时,选一根合适的分馏柱,按装置图安装仪器,注意各磨口之间的连接。将待分馏液装入圆底烧瓶,加两三粒沸石,通冷凝水。当蒸气缓慢上升时,控制加热速率,使馏出液以 1～2 滴/s 的速率蒸出[1]。记录第一滴馏出液滴入接收瓶时的温度，然后分段收集馏分[2]，并记录各馏分相应的温度，分别称量。

注意事项

[1] 馏出速率过快产物纯度下降；馏出速率太慢，上升的蒸气会断断续续，馏出温度易上下波动。

[2] 注意不能蒸干。

2. 实验室微型分馏

微型分馏装置图如图 3-4 所示，其组装和操作与常规方法基本相同，但操作须更为仔细。

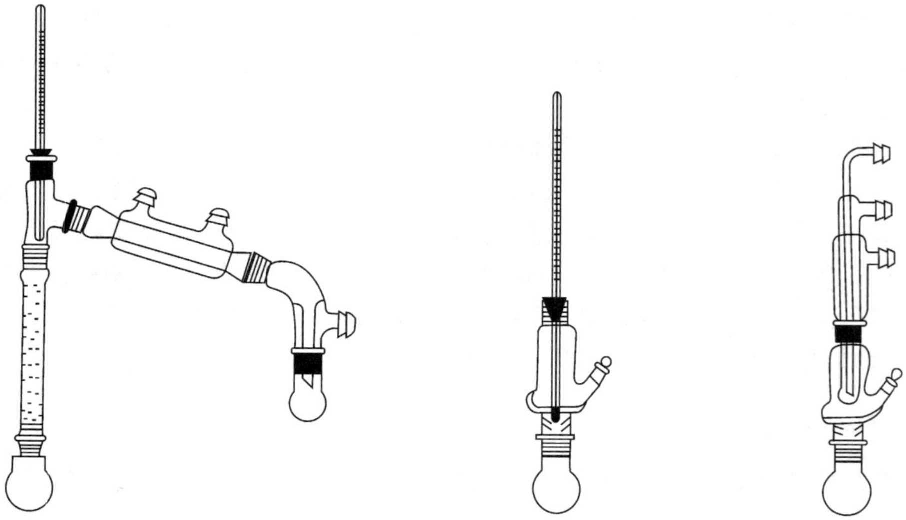

图 3-4 微型分馏装置图

3.1.3 减压蒸馏

液体的沸点是指它的饱和蒸气压等于外界压力时的温度，因此液体的沸点是随外界压力的变化而变化的。如果借助于真空泵降低系统内压力，就可以降低液体的沸点，这便是减压蒸馏操作的理论依据。高沸点有机化合物或在常压下蒸馏易发生分解、氧化或聚合的有机化合物，若将蒸馏装置连接一套减压系统，在蒸馏开始前先使整个系统压力降低到只有常压的十几分之一至几十分之一，那么这类有机化合物就可以在较其正常沸点低得多的温度下进行蒸馏。通常沸点大于 200 ℃的液体一般需用减压蒸馏提纯。

在进行减压蒸馏之前，应先从文献中查阅欲提纯的化合物在所选择压力下的相应沸点，若文献中无此数据，可用下述经验规则推算：若系统的压力接近大气压时，压力每降低1.33 kPa (10 mmHg，1 mmHg＝1.33322×10^2 Pa)，则沸点下降 0.5 ℃；若系统在较低压力状态时，压力降低一半，沸点下降 10 ℃。例如，某化合物在 20 mmHg (2.67 kPa)的压力下，沸点为 100 ℃，压力降至 10 mmHg (1.33 kPa)时，沸点为 90 ℃。

更精确一些的压力与沸点的关系可以用图 3-5 的沸点-压力近似关系图来估算。已知化合物在某一压力下的沸点便可近似地推算出该化合物在另一压力下的沸点。在 B 线上找到常压下的沸点，再在 C 线上找到减压后体系的压力点，然后通过两点连直线，该直线与 A 的交点为减压后的沸点。

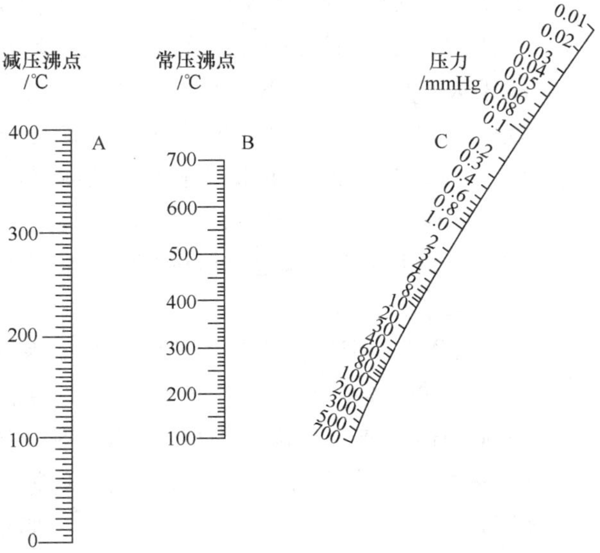

图 3-5　液体有机化合物沸点-压力近似关系图

1. 常规减压蒸馏

常规减压蒸馏装置图如图 3-6 所示，其主要仪器设备包括蒸馏烧瓶、克氏蒸馏头、直形冷凝管、尾接管、接收器、吸收装置、压力计、安全瓶和减压泵。

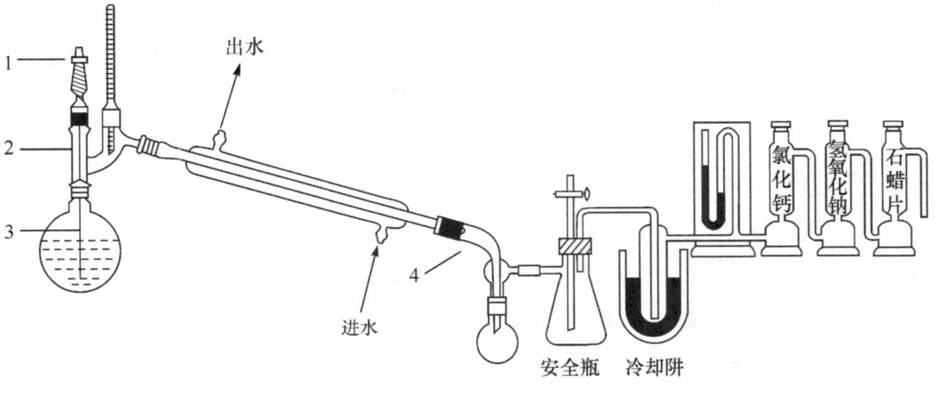

图 3-6　常规减压蒸馏装置图

1. 螺旋夹；2. 克氏蒸馏头；3. 毛细管；4. 尾接管

克氏蒸馏头可减少由于液体暴沸而溅入冷凝管的可能性。毛细管的作用则是作为气化中心，使蒸馏平稳，避免液体过热而产生暴沸冲出现象。毛细管口距瓶底 1～2 mm，为了控制毛细管的进气量，可在毛细管上口套一段软橡皮管，橡皮管中插入一段细铁丝，并用螺旋夹夹住。蒸出液接收部分通常用多尾接液管连接两个或三个梨形或圆底烧瓶，在接收不同馏分时，只需转动接液管。

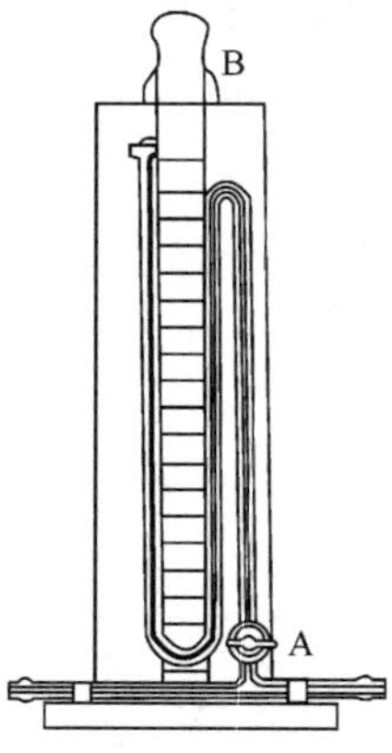

图 3-7　封闭式水银压力计
A. 旋钮；B. 刻度

最常见的减压泵有水泵和油泵两种。若使用油泵还必须有冷却阱(冰-水、冰-盐或者干冰)，以及分别装有粒状氢氧化钠、块状石蜡及活性炭或硅胶、无水氯化钙等的吸收干燥塔，以避免低沸点溶剂特别是酸和水汽进入油泵而降低泵的真空效能。所以在用油泵减压蒸馏前必须在常压或水泵减压下蒸出所有低沸点液体和水以及酸、碱性气体。安全保护部分一般有安全瓶。测压部分采用测压计，实验室通常采用水银压力计来测量减压系统的压力。封闭式水银压力计(图 3-7)的两臂液面高度之差即为蒸馏系统中的真空度。如果使用水泵也可以用真空表来测压力。

操作步骤如下：

按图 3-6 把仪器安装完毕后[1]，检查系统的气密性。先旋紧毛细管上的螺旋夹[2]，打开安全瓶上的二通活塞，然后开泵抽气，逐渐关闭二通活塞，观察真空度能否达到要求且保持不变[若用水泵减压，一般可达 2.67 kPa (20 mmHg)的压力，若用油泵抽气，压力会更低]。若发现有漏气现象，则需分段检查塞子、磨口或橡皮管等连接处是否漏气，必要时可在磨口、接口处涂少量真空脂密封。待系统无明显漏气现象时，慢慢打开安全瓶上的活塞，使系统内外压力平衡。

在蒸馏烧瓶中加入待测液体[3]，其量控制在烧瓶容积的 1/3～1/2，关闭安全瓶上的活塞，开泵抽气[4]，通过螺旋夹调节毛细管导入空气，使能冒出一连串小气泡为宜。

当系统达到所需求的低压时，且压力稳定后，开启冷凝水，开始加热。热浴温度一般比瓶内温度高 20～30 ℃。蒸馏过程中，密切注意蒸馏的温度和压力，若有不符，则应调节。控制馏出速率 1～2 滴/s 为宜。待达到所需的沸点时，更换接收器。若用多头接收器，只需转动接引管的位置，使馏出液流入不同的接收器中。

蒸馏完毕，撤去热源，慢慢打开毛细管上的螺旋夹，并缓缓打开安全瓶上的活塞[5]，平衡体系内外压力，然后关闭水泵(或油泵)。拆除装置，清洗仪器。

注意事项

[1] 减压蒸馏系统中切勿使用有裂缝或薄壁的玻璃仪器，尤其不能使用不耐压的平底瓶(如锥形瓶)，以防引起爆炸。

[2] 用毛细管起气化中心的作用，用沸石起不到什么作用。当然对于易氧化的物质，毛细管也可以通氮气、二氧化碳起保护作用。

[3] 待减压蒸馏的液体中若含有低沸点组分，应先进行普通蒸馏，尽量除去低沸物，以保护油泵。

[4] 使用水泵时应特别注意因水压突然降低使水泵不能维持已达到的真空度，蒸馏系统内的真空度比水泵所产生的真空度高，因此水会流入蒸馏系统污染产品。为此，需在水泵与蒸馏系统间安装一个安全瓶。

[5] 减压蒸馏结束后，安全瓶上的活塞一定要缓慢打开，如果打开太快，系统内外压力突然变化，使水银压力计的压差迅速改变，可导致水银柱破裂。

2. 微型减压蒸馏

当待蒸馏液体量较少时，可采取如图 3-8 所示的微型装置进行减压蒸馏。

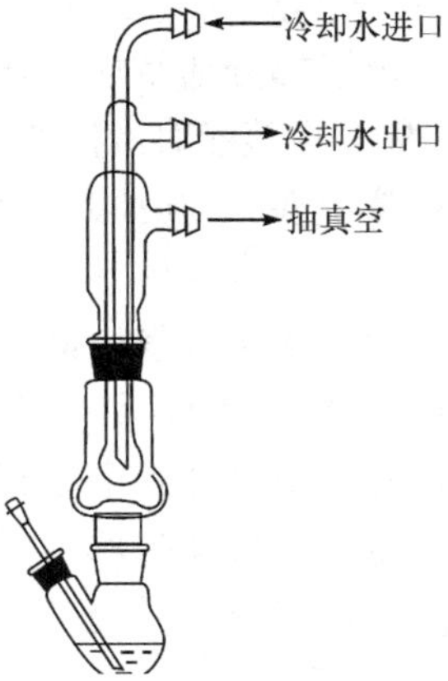

图 3-8　微型减压蒸馏装置图

3.1.4　水蒸气蒸馏

水蒸气蒸馏是分离提纯化合物的另一种蒸馏方法，是将水蒸气通入不溶或难溶于水且有一定挥发性的有机化合物中，使该有机化合物随水蒸气一起蒸馏出来。

水蒸气蒸馏常用于下列几种情况：某些沸点高的有机化合物，在常压下蒸馏虽可与副产品分离，但易被破坏；混合物中含有大量树脂状杂质或不挥发性杂质，采用蒸馏、萃取等方法都难于分离；从较多固体反应物中分离出被吸附的液体。

水蒸气蒸馏在提取植物材料中挥发性成分的应用甚广。

根据道尔顿分压定律，混合物的蒸气压应该是各组分蒸气压之和，即 $p_{总}=p_{H_2O}+p_A$（有机化合物蒸气分压）。当各组分的蒸气压之和等于大气压力时，混合物开始沸腾，这时的温度即为它们的沸点，显然混合物的沸点低于其中任何单组分的沸点，这意味着常压下高沸点有机化合物可在低于 100 ℃的温度下与水一起被蒸馏出来。

采用水蒸气蒸馏时，被提纯物质一般应具备以下条件：不溶或难溶于水；与水长时间共沸不发生化学反应；在 100 ℃左右时，必须具有一定的蒸气压（5～10 mmHg），且与其他杂质具有明显的蒸气压差。

1. 常量水蒸气蒸馏

图 3-9 是实验室常用的常量水蒸气蒸馏装置，包括水蒸气发生器、蒸馏部分、冷凝部分和接收器四个部分。

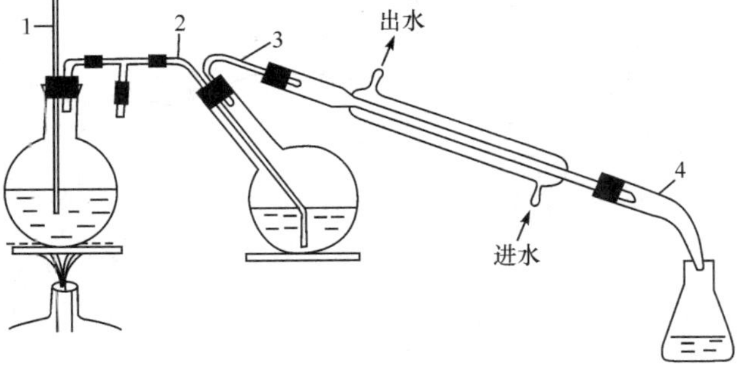

图 3-9　常量水蒸气蒸馏装置图

1. 安全管；2. 水蒸气导入管；3. 馏出液导出管；4. 尾接管

水蒸气发生器可用 500 mL 短颈圆底烧瓶，瓶口配一双孔橡皮塞或软木塞，一孔插入直径约 5 mm、长 1 m 的玻璃管作为安全管，另一孔插入内径约 8 mm 的水蒸气导出管。蒸气导管与一 T 形管相连，T 形管的支管套上一短橡皮管，并配一螺旋夹，T 形管的另一端与蒸馏部分的导入管相连。T 形管的作用在于除去水蒸气中冷凝下来的水，并且在操作中发生意外情况时，可使水蒸气发生器与大气相通。

蒸馏部分通常使用长颈圆底烧瓶，被蒸馏的液体体积不超过其容积的 1/3，斜放与桌面成 45°，以避免蒸馏时液体的剧烈沸腾引起液体从导管冲出，污染馏出液。在长颈圆底烧瓶上配一双孔橡皮塞，一孔插入内径约 8 mm 的水蒸气导入管，使之正对烧瓶中央，距瓶底 8～10 mm；另一孔插入内径约 8 mm 的蒸气导出管，其另一端与直形冷凝管相连。

观察水蒸气发生器中安全管的水位高低，可以判断水蒸气蒸馏系统是否畅通。若水位上升很高，则有可能某一部位堵塞。这时应立即打开螺旋夹，然后移开热源，拆下装置进行检查，重点检查蒸气导管中是否有堵塞物，否则在蒸馏过程中有塞子冲出、液体飞溅的危险。

在水蒸气发生器中，加入约占容器容积 3/4 的水，按图 3-9 安装好装置，检查整个装置是否漏气，然后打开螺旋夹，加热至沸。当有大量蒸气产生时，立即旋夹螺旋夹，让水蒸气导入蒸馏部分，开始蒸馏。在蒸馏过程中，如果由于水蒸气的冷凝而使烧瓶内液体量增加，超过烧瓶容积的 2/3 时，或蒸馏速率过慢时，则可隔着石棉网加热蒸馏部分，使蒸馏速率以 2～3 滴/s 为宜。

在蒸馏过程中，必须经常观察安全管中水位是否正常，有无倒吸现象等。一旦发生异常现象，应立即打开螺旋夹，移去热源，查找原因排除故障，然后才可继续蒸馏。蒸馏完毕后，必须先打开螺旋夹，然后移开热源，以免发生倒吸现象。

2. 微型水蒸气蒸馏

图 3-10 所示装置为华中农业大学设计的一种微型水蒸气蒸馏装置图。水蒸气发生器是双口圆底烧瓶，蒸馏部分是蒸馏试管，待蒸馏物加入蒸馏试管中然后置于双口烧瓶上，双口烧瓶另一口接带导管的温度计套管，导管与 T 形管相连，T 形管上配有止水夹，T 形管插入蒸馏试管中，蒸馏试管与直形冷凝管相连。

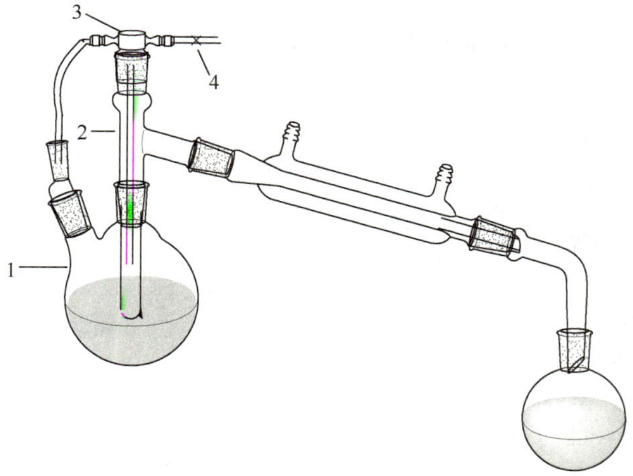

图 3-10　微型水蒸气蒸馏装置图

1. 双口圆底烧瓶；2. 蒸馏试管；3. T 形管；4. 止水夹

按图 3-10 安装好仪器，检查整个装置的气密性。用长颈漏斗将待蒸馏物加入蒸馏试管中(待蒸馏物液面不能超过蒸馏试管底部到支管口的 1/3)[1]。

开始蒸馏前打开 T 形管止水夹，通冷凝水，加热双口烧瓶，当 T 形管的支管口有大量蒸气冲出时，立即旋夹止水夹，让水蒸气导入蒸馏试管中，开始蒸馏。

调节火源，控制馏出速率 1～2 滴/s 为宜。蒸馏完毕后，必须先打开 T 形管的止水夹，再移开热源[2]，关闭冷凝水，拆除装置。

注意事项

[1] 开始蒸馏后，试管内混合物不断翻滚，若待蒸馏物加得过多则易使得混合液直接从冷凝管口冲出。

[2] 目的是防止倒吸。

3.2 重 结 晶

重结晶是提纯固体有机化合物的常用方法之一，是利用混合物中各组分在某种溶剂中的溶解度不同，或在同一溶剂中不同温度时的溶解度不同，而使它们得以分离。

在进行重结晶时，选择理想的溶剂是一个关键。在选择溶剂时必须了解欲纯化的化学试剂的结构，根据“相似相溶”原理，溶质往往易溶于与其结构相近的溶剂中。极性物质易溶于极性溶剂，而难溶于非极性溶剂中；相反，非极性物质易溶于非极性溶剂，而难溶于极性溶剂中。例如，欲纯化的物质是非极性化合物，实验中已知其在异丙醇中的溶解度太小，异丙醇不宜作其结晶和重结晶的溶剂，这时一般不必再试验极性更强的溶剂（如甲醇、水等），而应试用极性较小的溶剂（如丙酮、二氧六环、苯、石油醚等）。

用于重结晶的常用溶剂有水、甲醇、乙醇、异丙醇、丙酮、乙酸乙酯、氯仿、冰醋酸、二氧六环、四氯化碳、苯、石油醚等。此外，甲苯、硝基甲烷、乙醚、二甲基甲酰胺、二甲亚砜等也常使用。常用溶剂的极性顺序：

水＞二甲亚砜＞乙二醇＞甲醇＞二甲基甲酰胺＞乙腈＞乙酸＞乙醇＞丙醇＞丙酮＞吡啶＞二氧六环＞四氢呋喃＞甲乙酮＞乙酸乙酯＞正丁醇＞乙醚＞异丙醚＞二氯甲烷＞氯仿＞溴乙烷＞苯＞氯丙烷＞甲苯＞四氯化碳＞二硫化碳＞环己烷＞己烷＞庚烷＞煤油

二甲基甲酰胺和二甲亚砜的溶解能力大，当找不到其他适用的溶剂时，可以试用。但其缺点是往往不易从溶剂中析出结晶，且沸点较高，晶体上吸附的溶剂不易除去。乙醚虽是常用的溶剂，但是有其他适用的溶剂时，最好不用乙醚，因为一方面乙醚易燃、易爆，使用时危险性特别大，应特别小心；另一方面乙醚易沿壁爬行挥发而使欲纯化的化学试剂在瓶壁上析出，以致影响结晶的纯度。

理想的溶剂必须具备下列条件：

用作重结晶的溶剂首先满足不与被提纯物质发生化学反应的要求。例如，脂肪族卤代烃类化合物不宜用作碱性化合物结晶和重结晶的溶剂；醇类化合物不宜用作酯类化合物结晶和重结晶的溶剂，也不宜用作氨基酸盐酸盐结晶和重结晶的溶剂。

溶剂分为两种情况，一种是待提纯物质在该溶剂中的溶解度受温度影响很大，而溶剂对杂质的溶解度很小，通过热过滤可除去杂质；另一种是溶剂对杂质溶解度很大，将其留在母液中实现分离。

溶剂的沸点不宜太低或太高，易挥发，易与结晶分离除去。溶剂的沸点最好比被结晶物质的熔点低 50 ℃，否则易产生溶质液化分层现象。

待提纯物质能在该溶剂中形成较好的结晶体。

无毒或毒性很小，便于操作，价廉易得。

溶剂也可以选择混合溶剂重结晶，某种有机化合物在某溶剂(良溶剂)中溶解度很好时，先用最小量的该溶剂加热溶解，再加入溶解度差的另一种溶剂(不良溶剂)，降低该有机化合物的溶解度，至刚刚开始出现少量浑浊且不消失，此时再加少量良溶剂使沉淀刚刚完全溶解，停止加热和搅拌，让溶液慢慢冷却到室温结晶。

筛选溶剂：在试管中加入少量(麦粒大小)待结晶物，加入 0.5 mL 根据上述规律所选择的溶剂，加热沸腾几分钟，看溶质是否溶解。若溶解，用自来水冲试管外测，看是否有晶体析出。初学者常把不溶杂质当成待结晶物！如果长时间加热仍有不溶物，可以静置试管片刻并用冷水冷却试管(勿摇动)。如果有物质在上层清液中析出，表示还可以增加一些溶剂。若稍微浑浊，表示溶剂溶解度太小；若没有任何变化，说明不溶的固体是另一种物质，已溶物质又非常易溶，不易析出。含有羟基、氨基且熔点不太高的物质尽量不选择含氧溶剂，因为溶质与溶剂形成分子间氢键后很难析出。

选择合适的溶剂后，将已称量的粗产品置于回流装置的烧瓶中，加入少量溶剂，加热至溶液沸腾或接近沸腾，边滴加溶剂边观察固体溶解情况，使固体刚好全部溶解，记录溶剂用量，再加入 15%～20%的过量溶剂[1]。加热至沸腾，趁热过滤除去不溶性杂质，若溶液含有色杂质，则采用活性炭脱色。其方法是：待热溶液稍冷却后[2]，加入适量活性炭(一般为粗产品质量的 1%～5%)，搅拌，加热至沸，保持微沸 5～10 min，趁热过滤，除去溶液中的不溶性杂质及活性炭。将滤液自然冷却[3]，使结晶慢慢析出。减压过滤分离结晶和母液，用少量溶剂洗涤结晶，以除去结晶表面附着的母液，如果所用溶剂不易挥发，可以在常压下加入少量易挥发溶剂淋洗滤饼，如 *N*,*N*-二甲基甲酰胺(DMF)可用乙醇洗，二氯苯、氯苯、二甲苯、环己酮可以用甲苯洗。小心取出结晶，置于干燥的表面皿上，采取自然晾干、真空恒温干燥或红外灯烘干等方法干燥结晶。

注意事项

[1] 避免溶剂挥发和热过滤时温度降低，使晶体过早地析出在烧杯壁和滤纸上而造成损失。

[2] 切勿在接近沸点的溶液中加入活性炭，以免引起暴沸。

[3] 晶粒的大小与冷却条件相关。一般滤液迅速冷却并不时搅拌，则析出的晶粒较小；而将滤液慢慢冷却，就能得到较大的晶粒。

3.3 升　　华

升华是提纯固体有机化合物的方法之一。有些物质在固态时有相当高的蒸气压，受热后不经过液态就直接气化，蒸气受到冷却又直接冷凝成固体，这个过程称为升华。然而对固体有机化合物的提纯来说，不管物质蒸气是由液态还是由固态产生的，重要的是使物质蒸气不经过液态而直接转变为固态，从而得到高纯度的物质，这种操作都称为升华。

若固态混合物具有不同的挥发度，则可用升华法提纯，升华得到的产品一般具有较高的纯度。此法特别适用于纯化易潮解的物质。升华法只适用于在不太高的温度下有足够大的蒸气压的固态物质，因此具有一定的局限性。

不同的固体物质在其三相点时的蒸气压是不一样的，因而它们升华难易也不相同。一般来说，结构上对称性较高的物质具有较高的熔点，且在熔点处具有较高的蒸气压，易于用升华来提纯。例如，六氯乙烷的三相点温度为 186 ℃，蒸气压为 780 mmHg，而它在 185 ℃时的蒸气压已达到 760 mmHg，因而它在三相点以下就很容易进行升华。樟脑的三相点温度为 179 ℃，压力为 370 mmHg。由于它在未达到熔点之前就有相当高的蒸气压，所以只要缓缓加热，使温度维持在 179 ℃以下它就可不经熔化而直接蒸发完毕，残留的则为难挥发的杂质。但是若加热太快，蒸气压超过三相点的平衡压，樟脑就开始熔化为液体，所以升华时加热应当缓慢进行。升华的优点是不用溶剂，产物纯度高，但损失较大，因此实验室里一般用于较少量化合物的纯化。

实验室升华装置如图 3-11 所示。如图 3-11(a)所示，在蒸发皿中盛粉碎了的样品，用一个直径小于蒸发皿的漏斗覆盖，漏斗颈用玻璃棉塞住，防止蒸气逸出，两者用一张穿有许多小孔(孔刺向上)的滤纸隔开。调节吸气量，避免样品蒸气在漏斗颈或橡皮管内冷凝聚集。用砂浴(或其他热浴)加热，小心调节火焰，控制浴温(低于被升华物质的熔点)，让其缓慢升华。蒸气通过滤纸小口，冷却后凝结在滤纸上或漏斗壁上。为了加快升华的速率，也可以在减压下进行升华，减压升华法适用于常压下其蒸气压不大或受热易分解的物质。

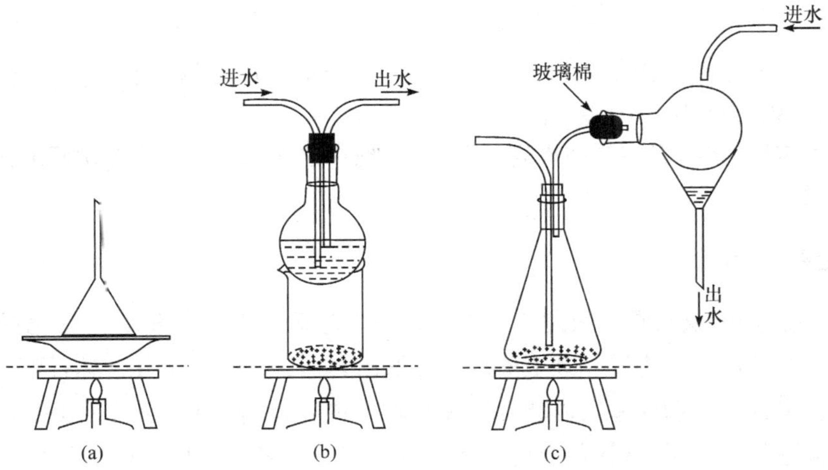

图 3-11　各种常压升华装置图

3.3.1　常压升华

当待分离的物质较多时，可采用图 3-11(b)所示的装置，烧杯上放置一个可以通冷却水的烧瓶，使升华产物在烧瓶上凝结。

图 3-11(c)所示的装置特别适合易氧化的物质升华提纯，通过向锥形瓶中通入惰性气体将待提纯物升华带出。

3.3.2　减压升华

由于升华与固体蒸气压和外压的相对大小有关，降低外压可以降低升华温度，在常压下不能升华或升华很慢的物质可以采用真空升华，又称为减压升华，减压升华装置如图 3-12 所示。真空升华可防止被升华的物质因温度过高而分解或在升华时被氧化。苯甲酸、糖精等都可用此法提纯。

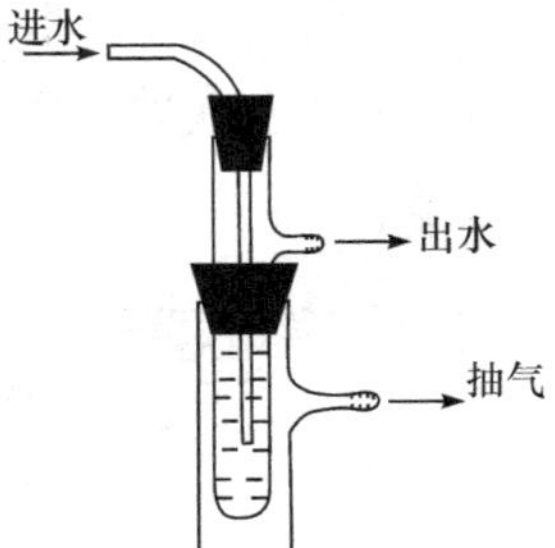

图 3-12　减压升华装置图

3.4　液-液萃取

萃取是分离和提纯有机化合物的常用方法之一，又称抽提，是利用物质在两种不互溶(或微溶)的溶剂中溶解度或分配系数的不同，使化合物从一种溶剂内转移到另外一种溶剂中的方法。应用萃取可以从固体或液体混合物中提取出所需物质，也可以用来洗去混合物中少量杂质。通常称前者为萃取或抽取，后者为洗涤。

萃取以分配定律为基础。在一定压力、一定温度下，某种物质在两种互不相溶的溶剂 A 和溶剂 B 中的分配浓度之比是一个常数，称为分配系数，以 K 表示，这种关系称为分配定律。用公式表示：

$$\frac{x\text{ 在溶剂 A 中的浓度}}{x\text{ 在溶剂 B 中的浓度}}=K$$

$$M_n=M_0\left(\frac{KV}{KV+V_B}\right)^n\ (n=1,2,3,\cdots)$$

式中，M_n 为经 n 次萃取后被萃取物在原溶液中的剩余量；M_0 为萃取前被萃取物的总量；V 为原溶液的体积；V_B 为萃取剂的用量。

依照分配定律，要节省溶剂而提高萃取效率，把一定量的溶剂分成数次萃取比用全部量的溶剂一次萃取好。

3.4.1　常量液-液萃取

液-液萃取常用的仪器是分液漏斗。选择容积比待萃取液体体积大 1～2 倍的分液漏斗。

分液漏斗在使用前要将漏斗颈上的旋塞芯取出，将其擦干，涂上凡士林，但不可太多，以免堵塞流液孔。将旋塞芯插入塞槽内转动使油膜均匀透明，且转动自如。再在旋塞芯的凹槽处套上一直径合适的橡皮圈(从直径合适的橡皮管上剪下一细圈即可)，以防旋塞芯在操作过程中因松动而漏液，或因脱落使液体流失而造成实验的失败。

分液漏斗使用前应先检漏。关闭分液漏斗旋塞，往漏斗内注水，检查旋塞处是否漏水，不漏水的分液漏斗方可使用。

萃取时将分液漏斗置于固定的铁圈上，关闭旋塞，将待萃取液和溶剂倒入分液漏斗中，依次从上口倒入漏斗中，盖好玻璃塞。

振荡使溶剂与待萃取液充分接触，以提高萃取效率。振荡时，右手握住漏斗上口颈部，并用食指将漏斗上端玻璃塞顶住，再用左手的大拇指和食指压在旋塞柄上，将玻璃塞和旋塞均夹紧，由外向内或由内向外做圆周运动，使液体振动起来，然后将漏斗倒置让漏斗径向上，远离自己和别人的脸，慢慢开启旋塞，排放可能产生的气体以解除超压，每隔几秒放气(图 3-13)。这对低沸点溶剂或酸性溶液用碳酸氢钠或碳酸钠水溶液萃取放出 CO_2 来说尤为重要，否则漏斗内压力将大大超过正常值，玻璃塞或旋塞就可能被冲脱使漏斗内液体损失。

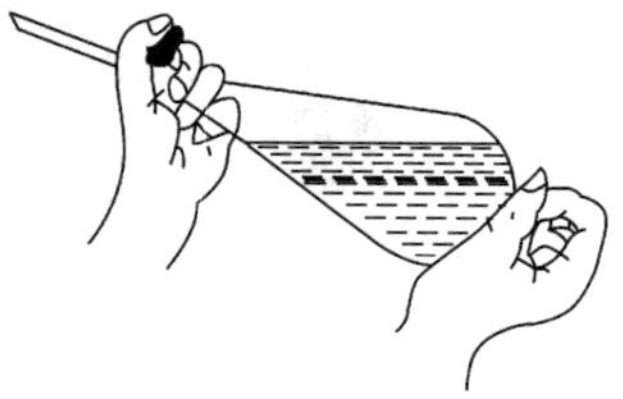

图 3-13　振荡

然后将漏斗置于铁圈上[1]，静置，当溶液分成两层后，缓缓旋开旋塞(图 3-14)，下层液体从下口放出，上层液体从上口倒出[2]。

萃取过程中可能会产生乳浊液不分层(尤其是加入浓碱溶液剧烈振摇后，或加入浓碱溶液再加入稀碱、水后很容易出现乳化的现象)。解决的方法是：假如出现了第一个问题且长时间静置也不分层，若一相是水，可以加入少量酸、碱或饱和氯化钠水溶液，轻轻振摇后常能使其分层。这一方法只适用于加入的物质不致改变分配系数而造成不利的情况(有时 pH 是重要因素)。若乳化情况严重，这一方法也很难奏效，可考虑选择另一萃取溶剂以防止发生乳化现象。

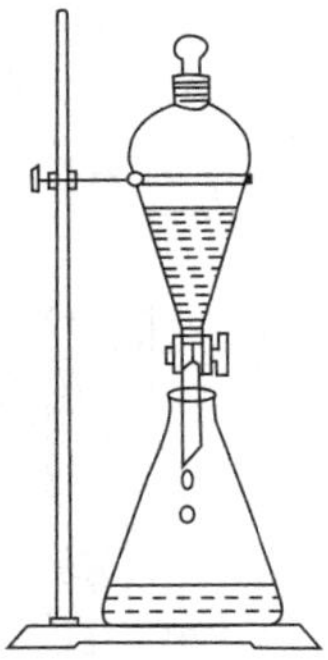

图 3-14　分液

萃取过程中有时在界面上出现未知组成的泡沫状的固态物质。这时可在分层前过滤除去它，即在接收液体的瓶上置一漏斗，漏斗中放少量脱脂棉，将液体通过其过滤而除去。

完成萃取后剩下的问题也是最重要的问题：哪一层液体是所需要的。为防止工作中的失误，一定不要丢弃任何一层液体。如要确认究竟何层为所需液体，可参照溶剂的密度，也可将两层液体取出少许并试验其在两种溶剂中的溶解性质来确定。

分液漏斗用后，应用水洗干净，玻璃塞用薄纸包裹后塞上，以防磨砂处粘连。分液漏斗不能加热。不能把旋塞上附有凡士林的分液漏斗放在烘箱内烘干。

注意事项

[1] 不能手拿分液漏斗分离液体。

[2] 上口玻璃塞打开后才能开启旋塞，上层液体不能由分液漏斗下口放出。

3.4.2　微量液-液萃取

微量的液-液萃取一般是在普通试管或离心管中进行，将被萃取的液体连同萃取溶剂一起加入试管中，若振摇时不产生大量气体，可加塞振摇，使两种液体充分混合。若被萃取的液体体积很小(＜1 mL 以下)，为避免黏附而造成损失，可将一支长颈滴管插入试管底，通过长颈滴管吹气使液体充分混合。

3.5　液-固萃取

3.5.1　索氏提取

液-固萃取是利用溶剂对固体混合物中所需成分的溶解度大，对杂质的溶解度小来达到提取分离的目的。一种方法是把固体物质放于溶剂中长期浸泡而达到萃取的目的，但是这种方法时间长，消耗溶剂，萃取效率也不高。另一种是采用索氏提取器的方法。

索氏提取器又称脂肪抽取器或脂肪抽出器，由提取瓶、索氏提取管、冷凝器三部分组成。索氏提取是利用溶剂的回流和虹吸原理，对固体混合物中所需成分进行连续提取。当提取管中回流下的溶剂的液面超过索氏提取器的虹吸管时，提取管中的溶剂流回圆底烧瓶内，即发生虹吸。虹吸到圆底烧瓶中的液体随温度升高，再次开始回流。每次虹吸前，固体物质都能被热溶剂所萃取，溶剂被反复利用，缩短了提取时间和减少了溶剂用量，所以萃取效率较高。而被提取的溶质留在烧瓶内，从而打破了提取时的溶解平衡而使浸提趋于完全。

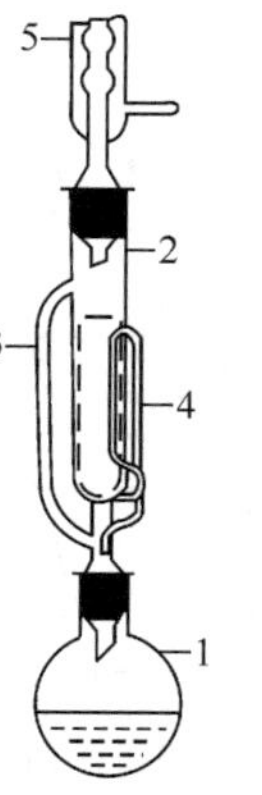

图 3-15 索氏提取器提取装置图

1. 蒸馏烧瓶；2. 提取器；3. 蒸气导管；4. 虹吸管；5. 冷凝管

索氏提取方法适用于提取溶解度较小的物质，但当物质受热易分解和萃取剂沸点较高时，不宜用此种方法。

进行索氏提取时，先将待测样品包在脱脂滤纸包内，放入提取管内，如图 3-15 所示。提取瓶内加入溶剂，溶剂用量一般为虹吸两次的体积[1]。

连接装置，通冷却水，然后加热圆底烧瓶，溶剂气化，由连接管上升进入冷凝器，冷凝成液体滴入提取管内，浸提样品中的待提取物质。待提取管内溶剂液面达到一定高度时，溶有提取物的溶剂经虹吸管流入提取瓶。流入提取瓶内的溶剂继续被加热气化、上升、冷凝、滴入提取管内，如此循环往复，直到抽提完全为止。

注意事项

[1] 提取过程中一定要保证烧瓶中溶剂不出现蒸干现象，如溶剂不够，可以撤掉酒精灯后，再撤掉回流冷凝管，向索氏提取器中缓慢补充适量溶剂。

3.5.2 微型液-固萃取

如需从少许固态物质中提取某种目标产物，可采用如图 3-16 所示的微型液-固萃取装置，将固体置于折叠滤纸中萃取[图 3-16(a)]；也可如图 3-16(b)所示，将被萃取固体粉末包在滤纸篮[图 3-16(b)中Ⅰ]或滤纸卷[图 3-16(b)中Ⅱ]内，然后挂在冷凝管下，加热回流时，溶剂不断气化、冷凝滴入固体粉末袋中，从而不断使有效成分被萃取出来而留在烧瓶中。

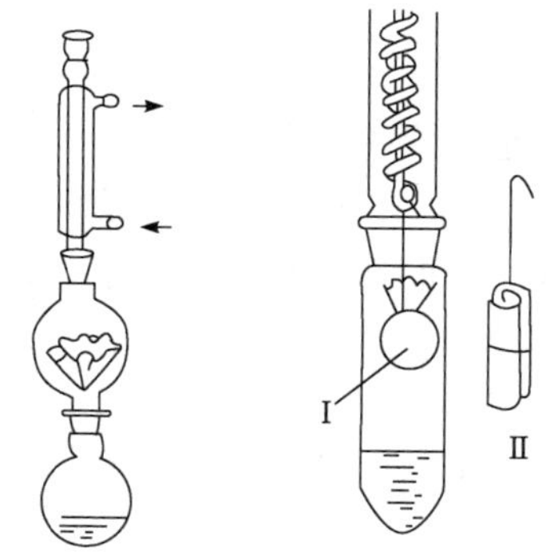

图 3-16 微型液-固萃取装置

第 4 章　色谱法分离提纯有机化合物

有机化学反应的特点是反应时间较长，反应难以完全进行且通常伴随副产物。因此，对于一般的有机化学反应而言，如何判断产物是否生成，以及将产物从混合物中分离并纯化就成为一个非常重要的方面。而色谱法则是有机物的分离和鉴定中最常见和基础的方法之一。

色谱法起源于 20 世纪初期。1906 年，俄国植物生理学家和化学家茨维特（Tswett）在研究植物叶片的色素成分时，将植物色素溶液流经装有碳酸钙的直立玻璃柱，并加入石油醚使其自由流下，结果发现色素中各组分相互分离形成不同颜色的色谱带，从而开启了色谱法分离提纯物质的新篇章。

色谱法是指被分离组分在不混溶的固定相和流动相之间做相对移动，因组分在两相间的分配差异而在两相间反复多次分配，最终实现相互分离的方法。色谱技术包括固定相和流动相。固定相的作用就是固定被分离的物质，即支持剂或吸附剂；流动相是使被分离的物质产生解析，即洗脱剂或展开剂，可以是气体、液体或超临界流体。

根据分离原理的不同，色谱法可分为吸附色谱、分配色谱、离子交换色谱、尺寸排除色谱（凝胶色谱）等；根据操作条件不同，又可以分为柱层析色谱、纸层析色谱、薄层层析色谱、气相色谱、高效液相色谱等。

4.1　薄层层析

薄层层析色谱（thin layer chromatography，TLC）一般是将吸附剂均匀涂抹在玻璃板或塑料片上，形成一薄层，并在此薄层上进行色谱分离。这种方法的优点是分离效果好、灵敏度高、设备简单、分离时间短等，广泛应用于有机合成反应中的监测和产物鉴定。但是，其分离的量通常不大，对于低沸点物质则难以分离和检测。

4.1.1　原理

薄层色谱可分为吸附色谱和分配色谱两类。吸附色谱是利用被分离的混合物对固定相（吸附剂）和流动相（展开剂）相对亲和力的大小差异进行分离的。当溶剂体系（流动相）借助毛细作用流经吸附剂薄层时，对吸附剂吸附力较弱的化合物优先被流动相溶解（解吸作用）并带着向前移动，碰到新的吸附剂后又重新被吸附；后面流过来的新溶剂又重新使其溶解，使之向前移动。这样经过一定时间后，吸附力弱的组分就会向前移动一定距离，而吸附力强的组分也会以比较慢的速率向前移动。由于新的溶剂不断地流过，这种吸附—解吸—再吸附—再解吸的过程不断重复进行，其结果必然是吸附力强的组分相对移动速率较慢，而吸附力弱的组分移动速率较快，从而使混合物中的各组分得以分离。

分配色谱主要是根据不同化合物在固定相和流动相中分配能力（分配系数）的不同进行分离的。

常用的吸附剂有硅胶、氧化铝、纤维素、聚酰胺等。有机实验室最常用的吸附剂是硅胶。

硅胶是无定形多孔物质，由于表面羟基作用而略带酸性，适用于分离酸性和中性有机化合物。对于碱性有机化合物，需要对硅胶进行中和，或者使用其他吸附剂。薄层色谱使用的硅胶通常被称为薄层层析硅胶，其颗粒较柱层析硅胶更细，并且商品名中型号均代表一定的含义，分别为：硅胶 H——不含黏合剂和其他添加剂；硅胶 G——含煅石膏作黏合剂；硅胶 HF254——含荧光物质，此荧光物质在 254 nm 波长紫外光照下会发出荧光；硅胶 GF254——既含煅石膏又含荧光剂。和硅胶相似，氧化铝也因含黏合剂或荧光剂而分为氧化铝 G、氧化铝 GF254 等。

4.1.2 薄层层析板的制备方法

一般薄层色谱所使用的层析板都由实验室即时制备。通过实验室制备得到的层析板可以放置于干燥器中保存。但是，近来商业化统一规格的薄层层析板也逐渐在实验室得到应用。较常见的商业薄层层析板包括玻璃、铝箔、塑料等材质的基底，需要时可以直接使用或切割成所需大小后再使用。

实验室常规薄层层析板的制备主要有干法和湿法两种。干法制板在有机实验中较少使用，而湿法为主要制板方法。根据铺层的方法又可以分为平铺法、倾注法和浸涂法。

不论哪种方法，湿法制板都需要事先将固定相和溶剂(通常用水)混合均匀，并搅拌成糊状备用，一般取硅胶 G 或硅胶 GF 一份，置烧杯中加水 3～4 份混合搅拌均匀。为了增强硅胶在玻璃板上的黏性，可用 0.5% 羧甲基纤维素钠(CMC)水溶液代替水(取 5 g CMC，在搅拌下加入 1000 mL 水中，强力摇匀，放置备用)。待烧杯里没有气泡后用药匙取一定量，分别倒在一定大小的玻璃片上(或倒入涂布器中，推动涂布)。

1. 平铺法

将洗净的几块玻璃板在涂布器中摆好，上下两边各夹一块比前者厚约 0.25 mm 的玻璃板，在涂布器槽中倒入糊状物，将涂布器均匀地自左向右推，即可将糊状物均匀涂布在玻璃板上。

2. 倾注法

将调好的糊状物倒在玻璃板上，用玻璃棒均匀涂布在整块玻璃上。也可以手持玻璃板边缘并小心倾斜玻璃板，轻轻振动玻璃板，使薄层面平整均匀，均匀涂布成 0.25～0.5 mm 厚度，在水平位置放置晾干，利用重力使糊状物均匀涂布在玻璃上。

3. 浸涂法

将两块干净的玻璃片对齐紧贴在一起，浸入浆料中，使载片上涂上一层均匀的吸附剂，取出分开、晾干。

用上述方法制备得到的薄层层析板需要先置于空气中晾干，然后经活化方可使用。因为吸附剂的活性与其含水量相关，加热使薄层失去水分的过程称为活化。这一过程可以通过将薄层层析板置于 110 ℃约 30 min 来实现。注意，对于含石膏黏合剂的薄层，活化时间也并非越长越好。过长时间会使黏合剂结晶水完全失去而使薄层的机械强度降低，不利于分析测定。

4.1.3　点样

将样品溶于低沸点的溶剂中配成 0.1%～1% 浓度的溶液，在距薄层板一端 1 cm 处为基线，用内径为 1 mm 的毛细管吸取样品溶液，垂直轻轻地接触到基线，待第一次点的溶剂挥发后，再在原处重复点一次，点样斑点直径不超过 2 mm。另外，样品的用量对物质的分离有很大的影响，若点样量太少，有的成分不易显现；若点样量太大，斑点过大，易造成交叉和拖尾现象。

4.1.4　展开

展开剂的选择与色谱柱中洗脱剂的选择类似，极性物质选择极性展开剂，非极性物质选择非极性展开剂。当用一种展开剂的分离效果不好时，可选用混合展开剂。薄层色谱的展开在层析缸中进行，将点好样的薄层板斜放在层析缸中进行展开，薄层板下端约有 0.5 cm 浸在溶剂中(图 4-1)，展开距离是薄层板长度的 3/4，当溶剂前沿达到所需高度后，取出薄层板，标记溶剂前沿位置，平放晾干，或用电吹风吹薄板背面将其吹干。

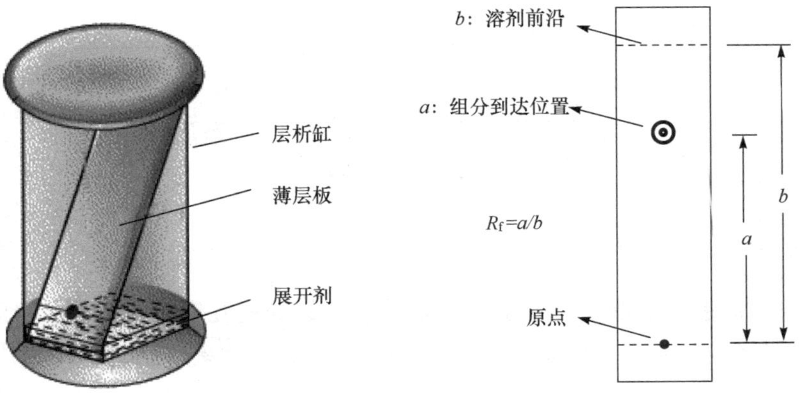

图 4-1　薄层色谱示意图

薄层层析色谱分离样品时，有时斑点没有达到清晰的分离，发生拖尾现象，甚至样品几乎成一条线。造成这一现象的原因有多种可能性。

对于一些具有酸碱性的化学成分，在溶液中会部分电离，因此，展开时实际存在分子、离子两种状态，以中性的有机试剂展开必然会出现两种层析行为，造成拖尾甚至是一条线。因这个原因导致的，如果待分离物质是酸性物质，在展开剂中加几滴甲酸或冰醋酸即可；如果待分离物质是碱性物质，展开时在展开剂中加几滴氨水等碱性物质即可。

也可能是点样量过大，样品超载所致，这时应减少点样量。

也可能是展开剂选择不对，这时应该换用其他展开剂。

在薄层层析色谱中展开剂的选择最为关键。展开剂使每个组分的 R_f 值为 0.2～0.8，并对被分离物质要有适当的选择性。在实际工作中，经常借助个人经验或查阅文献来找到较合适的展开剂，除此之外，可采用如下方法选择。

1. 点滴实验法

点滴实验法将要被分离物质的溶液间隔地点在薄层板上，待溶剂挥干后，用吸满不同展开剂的毛细管点到不同样品点的中心，借毛细管作用，展开溶剂从圆心向外扩展，这样就出现了不同的圆心色谱，经过比较就可以找到最合适的展开剂及吸附剂，如图 4-2 所示苯是最合适的展开剂。

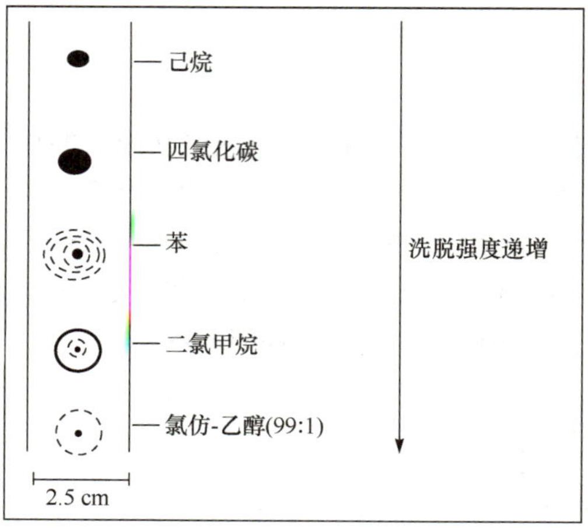

图 4-2　点滴实验法

2. 三角形法

三角形法按照展开剂、吸附剂及被分离物质三者间的相互影响，设计了三因素的组合，如图 4-3 所示。如将三角形的一个顶点指向某一点，其他两个因素将随之自动地增加或减少，以帮助选择展开剂的极性或固定相的活度。

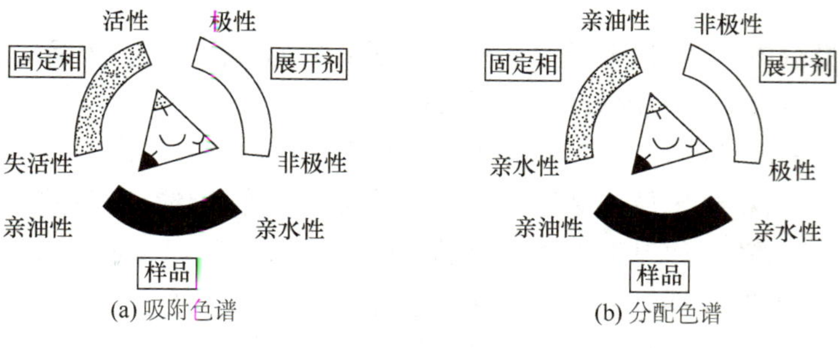

图 4-3　三角形法

例如，用吸附薄层色谱分离极性化合物时，要选用活度级别大，即吸附活度小的薄层板及极性大的强洗脱剂展开，否则化合物不易被展开，R_f 值太小；而非极性化合物在吸附薄层色谱分离时要采用活度级别小，即吸附活度大的薄层板及非极性溶剂的弱洗脱剂展开。中等极性的化合物的分离则应采用中间条件展开。

4.1.5　显色

若样品各组分有颜色，可直接观察斑点；若样品无色，可在溶剂挥发后用显色剂显色。对于含有荧光的薄层板可在紫外灯下观察。斑点显色后，应及时记录斑点位置。

多数有机化合物吸附碘蒸气后显示不同程度的黄褐色斑点，这种反应有可逆及不可逆两种情况。前者在离开碘蒸气后，黄褐色斑点逐渐消退，并且不会改变化合物的性质，灵敏度也很高，故是定位时常用的方法；后者由于化合物被碘蒸气氧化、脱氢增强了共轭体系，因此在紫外光下可以发出强烈而稳定的荧光，对定性及定量都非常有利，但是制备薄层时要注意被分离的化合物是否改变了原来的性质。

4.1.6　比移值(R_f)的计算

R_f 值定义为溶质迁移距离与流动相迁移距离之比，即薄层色谱法中原点到斑点中心的距离与原点到溶剂前沿的距离的比值(图 4-1)。受被分离物质的结构、固定相和流动相的性质、温度以及薄层板本身性质等因素的影响而变化。但在一定的色谱条件下，当温度、薄层板等实验条件固定时，特定化合物的 R_f 值是一个常数，因此有可能根据化合物的 R_f 值鉴定化合物，这可以作为定性分析的依据。由于影响 R_f 值的因素很多，实验数据往往与文献记载不完全一致，因此在鉴定时常采用标准样品作对照。

4.2　纸　层　析

纸层析色谱法是分配色谱的一种，以滤纸作为惰性载体，滤纸纤维和水有较强的亲和力，能吸收 22% 左右的水，而且其中 6%～7% 的水是以氢键形式与纤维素的羟基结合，在一般条件下较难脱去，而滤纸纤维与有机溶剂的亲和力甚弱，所以一般的纸层析实际上是以滤纸纤维的结合水为固定相，以有机溶剂为流动相，是一种分配色谱。流动相是被饱和过的有机溶剂，即展开剂。利用样品中各组分在两相中的分配系数不同而达到分离的目的。

分配层析是利用混合物中各组分在两种不同溶剂中的分配系数不同而使物质分离的方法。分配系数是指一种溶质在两种互不相溶的溶剂中的溶解达到平衡时，该溶质在两种溶剂中所具有的浓度之比。不同的物质在各种溶剂中的溶解度不同，因而也就有不同的分配系数。

当点样后的滤纸一端浸没于流动相液面之下时，由于毛细作用，有机相即流动相开始从滤纸的一端向另一端渗透扩展。当流动相沿滤纸经点样处时，样品点上的溶质在水和有机相之间不断进行分配，一部分样品离开原点随流动相移动，进入无溶质区，此时又重新分配，一部分溶质由流动相进入固定相(水相)。随着流动相的不断移动，样品中各种不同的溶质组分有不同的分配系数，移动速率也不一样，所以各种不同的部分按其各自的分配系数不断进行分配，并沿着流动相流动的方向移动，从而使样品中各组分得到分离和纯化。

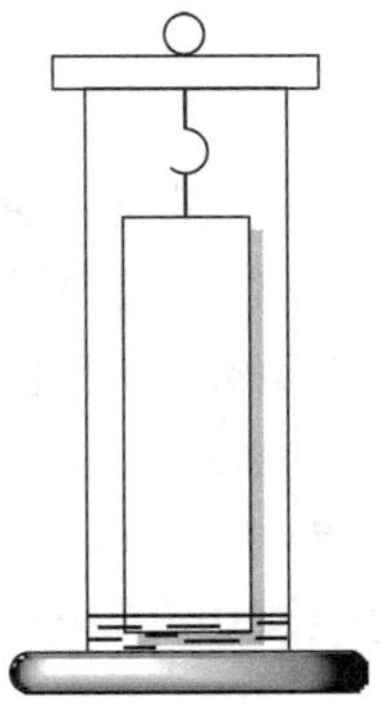
图 4-4　纸层析示意图

纸层析色谱和薄层层析色谱一样，主要用于分离和鉴定有机化合物，尤其是多官能团或高极性化合物，如醇类、糖、羟基酸、氨基酸和黄酮类等化合物的分离。和薄层层析色谱的点样方式类似，待样品干燥后将滤纸垂直悬挂于盛有展开剂的密闭容器中，一端浸入展开剂中(图 4-4)。由于滤纸的毛细作用，展开剂会在滤纸上向上升，样品中各组分也会随之展开分离。

纸层析的显色及 R_f 值的计算和薄层层析类似。

4.3 柱 层 析

柱层析色谱法是有机合成中常用的一种分离纯化方式，将固定相(吸附剂)装入色谱柱(通常是一根长的玻璃管)中制成色谱柱，将预分离的混合物配成一定浓度的溶液装入上述色谱柱，然后选择适当的淋洗剂(流动相)进行分离(图 4-5)。有机实验室以吸附柱层析色谱最为常见。和薄层层析色谱类似，其固定相一般为硅胶、氧化铝、纤维素、聚酰胺等，要求不能和组分或淋洗剂发生反应。流动相通常为各类溶剂，如石油醚、乙酸乙酯、乙醇、氯仿、丙酮等，既可以是单种溶剂，也可以是多种溶剂以一定配比组成的混合溶剂。根据需要还可以在淋洗过程中变换不同的淋洗剂，达到梯度淋洗的目的。

4.3.1　原理和方法

将色谱柱垂直放置，并填入相应的吸附剂。待分离的混合物溶液从色谱柱上端加到吸附剂表面。由于混合物中不同组分吸附能力不同，分子极性越强，吸附能力越强，所以极性较低的非极性物质首先随着淋洗剂被洗脱。另外，吸附能力也和固定相颗粒大小有关。颗粒越小，比表面积越大，则吸附能力就越强，淋洗剂流速缓慢，分离时间就越长，但是分离效果相对较好。这样，混合物中不同组分会以不同速率通过色谱柱，从而得到分离(图 4-6)。

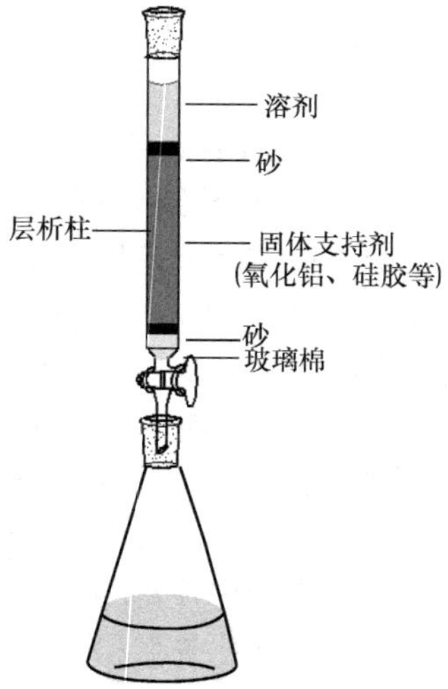

图 4-5　柱层析装置

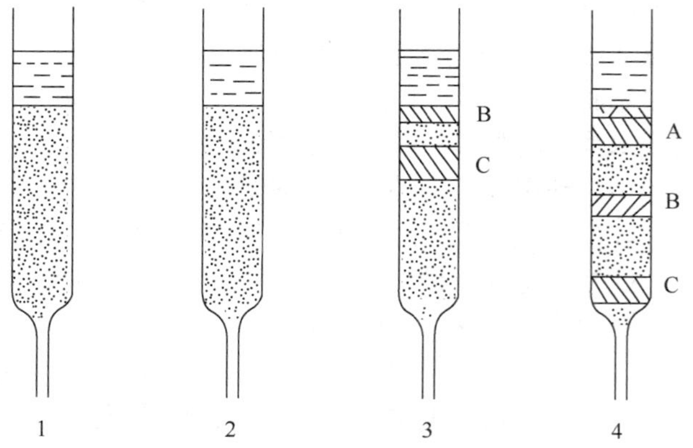

图 4-6　混合物柱层析分离结果示意图

硅胶是有机实验室常见的一类固定相，由于表面具备多羟基结构，硅胶一般显弱酸性，适合分离中性和酸性有机化合物。对于碱性有机化合物，一般可以用低沸点的有机碱稀溶液中和固定相，或者直接使用中性或碱性氧化铝作为固定相。

酸性氧化铝是用 1% 盐酸浸泡后，用蒸馏水洗至氧化铝悬浮液的 pH 为 4，用于分离酸性物质；中性氧化铝的 pH 约为 7.5，用于分离中性物质；碱性氧化铝的 pH 约为 10，用于胺或其他碱性化合物的分离。

硅胶的颗粒通常以“目”表示，目数越大，则颗粒越细。常用 300～400 目的柱硅胶或硅胶 H。若化合物的 R_f 值相差较大，则可考虑使用 200～300 目的硅胶以加快层析速度。

因吸附剂的比表面积较大，天气潮湿时或长期放置中吸附的水分会对分离效果产生极大的影响（相当于大大增加了固定相的极性，导致样品分不开），因此应将吸附剂放入 90～100 ℃ 烘箱内烘 2 h，取出在干燥器中冷却后再使用。使用的硅胶，不用时一定要密封，防止吸潮。

淋洗剂是根据被分离物质的极性大小来选择的。非极性和低极性化合物通常选用较低极性溶剂，如石油醚、正己烷、正戊烷、苯、甲苯等；极性较大的化合物则需要极性溶剂或混合溶剂淋洗，如二氯甲烷、氯仿、乙酸乙酯、乙醚、丙酮、醇等。常见的一种方法是将石油醚和乙酸乙酯按一定比例配成一定极性的溶液作为淋洗剂。

4.3.2　实验步骤

柱层析一般包括装柱、加样、洗脱、显色等步骤。

1. 装柱

层析柱为上端开口、下端有活塞的细长玻璃管。

从理论上讲层析柱应该是粗长的好。柱子长，相应的塔板数就多。柱子粗，上样后在柱子上样品层比较薄，这样相对减小了分离难度。柱子径高比一般为 1∶(5～10)。细长柱子可以增加塔板数，但是也会增加过柱的时间，使样品在固定相中扩散，影响分离效果。

装柱之前，先将空柱洗净干燥，然后在柱底塞上一小团脱脂棉（部分层析柱在底端装有砂芯隔板，可省略此步）。铺一层厚 0.5～1 cm 的洁净石英砂，以橡胶棒轻击柱体，使砂层上缘平整，再将固定相倒入。

按照倒入的固定相状态，又可以分为干法装柱和湿法装柱。无论采用哪种方法装柱，硅胶（固定相）的上表面一定要平整，并且都不要有裂缝或气泡。

1）湿法装柱

湿法装柱中，先向柱中加入适量淋洗剂，再把固定相和淋洗剂混合均匀，缓慢倒入层析柱，同时打开活塞，使淋洗剂流出，固定相会逐渐下沉。沿柱壁缓慢加入少量淋洗剂至液面高出固定相 2～3 cm 后，缓慢加入厚 1～2 cm 的石英砂。以橡胶棒轻敲柱体使石英砂上层平整。

湿法装柱应注意：装柱溶剂极性不能大于过柱淋洗剂；倒入硅胶稀糊时应有耐心，防止液体流击出气泡留于柱内；若已产生气泡，则可趁着硅胶尚未完全沉降时，用长玻璃棒搅动溶剂液面下有气泡处的硅胶将其赶跑；注意硅胶柱上方应时刻保留有一段溶剂。本法最大的优点是一般柱子装的比较结实，没有气泡。缺点是所需溶剂体积较大（当然装柱时所用溶剂可以重复使用），耗时长。

2）干法装柱

干法装柱中，在层析柱顶端放一漏斗，把干燥的固定相均匀装入柱体，以橡胶棒轻击柱壁，使之填充均匀。然后加入淋洗剂，打开活塞，并视情况适当在柱顶加压，使固定相全部被淋洗剂湿润。本法的优点是装柱较方便、速度快；缺点是由于溶剂和硅胶之间的吸附放热，不太适合低沸点的淋洗剂，如二氯甲烷（易产生气泡）。

两种装柱方法都应注意使固定相填充均匀，避免气泡形成。

2. 加样

加样分湿法、干法两种。

加样的基本要求是使样品以尽可能小的厚度上到柱子上，无论哪种都要求样品中不含极性大于淋洗剂的溶剂。

1）湿法上样

适合湿法的样品应该是黏度不大的均匀液体样品，或者在小极性溶剂（极性不大于淋洗剂）中溶解度非常好的固体样品。用于溶解样品的溶剂体积应越小越好。溶剂的选择是重要的一环，通常根据被分离物中各种成分的极性、溶解度和吸附剂的活性等来考虑，先将要分离的样品溶于一定体积的溶剂中，选用的溶剂极性应低，体积要小。如有的样品在极性低的溶剂中溶解度很小，则可加入少量极性较大的溶剂，使溶液体积不致太大。

装好色谱柱后，当柱中溶剂下降至与固定相平面相切时，用滴管吸取样品溶液，沿柱子内壁于硅胶面上方 0.5 cm 以内的距离均匀地加样。加样的速度以柱子不出现气泡为限。加样完毕，另取干净滴管从上样处上方沿柱子内壁淋洗，确定所有样品开始在柱子中展开后可加入大量洗脱剂开始过柱。

有些样品溶解性差，能溶解的溶剂又不能上柱（如 DMF、DMSO 等），这时就必须用干法上柱。

2）干法上样

干法上样就是把待分离的样品加入 2～3 倍硅胶，用少量低沸点大极性溶剂溶解，搅拌均匀后再旋去溶剂，得到干燥的吸附有样品的硅胶，向装好的层析柱中加入少量淋洗剂，使液面高出固定相 3～5 cm，再小心地将吸附有样品的硅胶倒入层析柱，以尽量少的淋洗剂将柱壁沾上的硅胶冲洗下去，开启下端活塞，使液体缓慢流出至溶液液面重新与固定相平面相切。沿柱壁缓慢加入少量淋洗剂至液面高出固定相 2～3 cm 后，缓慢加入厚 1～2 cm 的石英砂，或盖张滤纸，或加块棉花，防止添加溶剂的时候，使得样品层不再整齐。以橡胶棒轻敲柱体使石英砂上层平整。

3. 洗脱

加入淋洗剂，开启下端活塞，分别收集各组分溶液。

在洗脱中淋洗剂的选择非常关键，一般根据文献中报道的该类化合物用什么样的展开剂，就首先尝试使用该类展开剂，通常情况下先用薄层色谱方法确定合适的展开剂，以此作为洗脱剂或此基础上，适当改变。过柱淋洗剂的极性通常要比薄层色谱时极性小。

有时一种洗脱剂不能将所有物质洗脱分离，中间需要改变洗脱剂。洗脱时首先使用极性较小的溶剂，使最容易脱附的组分分离。然后加入不同比例的极性溶剂配成的洗脱剂，将极性较大的化合物从色谱柱中洗脱下来。

使用二氯甲烷等沸点较低的溶剂时，它和硅胶的吸附是一个放热过程，特别是夏天的时候经常会在柱子里产生气泡。用甲醇作为洗脱剂，可能会洗下来一些硅胶中的东西，所以所得柱层析产品应该经后续处理，如重结晶等，以进一步去掉杂质。

压力可以增加淋洗剂的流动速率，减少产品收集的时间，但是会减低柱子的塔板数。所以其他条件相同的时候，常压柱是效率最高的，但是时间也最长，双连球是常用的手动加压方法。

4. 检测及显色

对于有颜色的物质，一般将相同颜色的物质收集在一起。对于无色不易观察的组分，可以用编号的试管顺序收集溶液，然后分别以薄层层析色谱监测各试管中的成分。

4.4 气相色谱

气相色谱(gas chromatography，GC)是一种以气体为流动相的色谱分离技术，主要用于鉴别和分离气体及沸点较低的样品。按照固定相的形态，固体固定相的称为气-固色谱，是一种吸附色谱；液态固定相的称为气-液色谱，是一种分配色谱。按照色谱柱的不同，又可以分为填充柱色谱和毛细管色谱。后者的分离效果更好，且用量较少，因此是现代有机分析实验室最常用的色谱仪器之一。

4.4.1 原理

样品中各组分是在通过色谱柱的过程中彼此分离的。当载气(流动相)携带着样品通过色谱柱时，由于样品中各组分分子和固定相分子之间发生溶解、吸附或配位等作用，样品在气相和固定相之间进行反复多次的分配平衡。各组分在两相间的分配系数不同，各组分沿色谱柱移动的速率也不同。当通过适当长度的色谱柱后，各组分彼此间就会拉开一定的距离，先后流出色谱柱，即发生分离，进入检测器给出信号。

4.4.2 仪器装置

目前成熟的商品化的气相色谱仪基本上已经实现了计算机记录和控制。这里以有机分析中常见的毛细管气相色谱仪为例简介气相色谱仪的装置和组成。

一般的气相色谱仪由气流系统、进样系统、分离系统、检测系统、数据处理系统和辅助部件构成(图 4-7)。

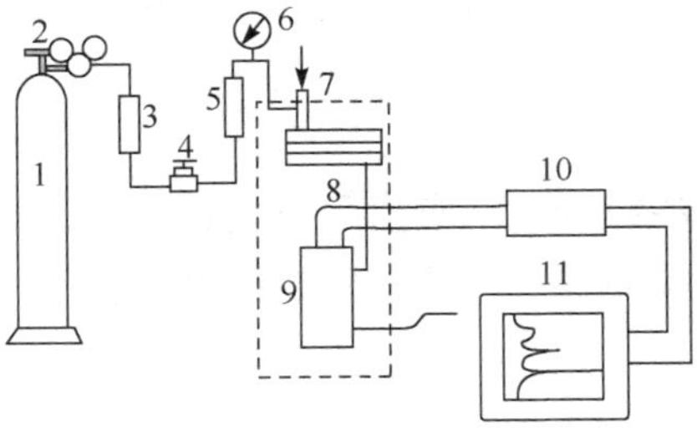

图 4-7　气相色谱仪流程示意图

1. 载气钢瓶；2. 减压阀；3. 净化干燥管；4. 针形阀；5. 流量计；6. 压力表；
7. 进样器和气化室；8. 色谱柱；9. 检测器；10. 放大器；11. 记录

(1) 气流系统由载气、管道、压力阀、净化系统等组成。所用的气体可以是来自高压气体钢瓶，也可以是来自气体发生器。常见的载气包括氦气、氢气、氮气、氩气等。

(2) 进样系统可以是自动进样器，也可以是手动进样。目前在实验室中，自动进样器由于进样量可控、可重复性高、可长时间持续工作、能充分利用时间等优点，其应用也越发普遍。但是，手动进样由于仪器简单、成本低廉、灵活性好，短期内仍然是许多实验室仪器的主要进样方式。

(3) 分离系统主要是指色谱柱。不同于其他色谱，气相色谱柱通常都放置在温度可控的恒温箱中。这是因为气相色谱柱的工作温度通常高于室温，并且温度对分离效果的影响非常大。毛细管色谱柱通常直径较细，低于 2 mm，长度在数十米左右，大部分柱体由石英玻璃组成，表面覆盖有活性材料。这些色谱柱有一定的韧性，可以绕成卷状，从而放进体积较小的恒温箱中。

(4) 检测系统是气相色谱的重要组成部分，它将从色谱柱流出的各组分浓度或量的变化转变成易于测量的电信号。检测器的基本要求：灵敏度高、稳定性好、响应快、线性范围广、应用范围广、结构简单、使用安全。常见的检测器类型包括热导池检测器(TCD)、氢火焰离子检测器(FID)等。

(5) 数据处理系统现在基本上都是在微型计算机上完成的，结合软件可以很方便地对结果进行分析、比较、存储。

4.4.3 分析方法

首先应明确分析的目的。气相色谱仪可以对复杂组分进行分离，在有内标和标准物的情况下还可以进行定性和定量测定。在此基础上，选择合适的仪器条件，包括载气选择、载气流速、进样口温度、色谱柱种类、柱温(包括是否程序升温)、检测器种类等。

对样品的选择也有一定的要求。一般要求各组分的沸点不高于 300 ℃，并且要保证样品中不含有固体颗粒，以免堵塞色谱柱。

仅从气相色谱图不能直接给出组分的定性结果，而要与标准物进行对照分析。被分离样品的组分从进样开始到柱后出现该组分浓度极大值时的时间，即从进样开始到出现某组分色谱峰的顶点时为止所经历的时间，称为此组分的保留时间，用 RT 表示，常以分(min)为时间单位。在相同的色谱条件下，任何物质的保留时间是一定的。通过对组分和标准物的保留时间进行分析可以定性测定。

同时，气相色谱也可以定量分析，其计算方法常用的有如下三种。

1. 归一法

如果分析对象是同系物，各组分的响应值都很接近，且各组分都被分开，并出现在色谱图上，则可以用每组分峰面积占峰面积总和的百分数代表该组分的质量分数。

2. 内标法

当样品中各组分不能全部流出色谱柱，或检测器不能对各组分都产生相应信号，且只需要对样品中某几个出现色谱峰的组分进行定量时，可采用内标法，即在一定量的样品中加入一定量的标准物质(内标物)进行色谱分析。内标物的选择条件应满足：内标物能溶于样品中，其色谱峰与样品各组分的色谱峰能完全分离，且它的色谱峰与被测组分的色谱峰位置比较接近，其加入量与被测组分接近。内标法可以避免操作条件变动造成的误差，适合某些精确度较高的分析。

3. 外标法

用纯物质配成不同浓度的标准样，在一定的操作条件下定量进样，测定峰面积后给出标准含量对峰面积的关系曲线，即标准曲线。在相同条件下测定样品，由已得样品的峰面积从标准曲线上查出对应的被测组分的含量。外标法操作简便，计算方便，但需严格控制操作条件，保持进样量一致，才能得到准确结果。

4.5　高效液相色谱

高效液相色谱(high performance liquid chromatography，HPLC)，也称高压液相色谱，是一种色谱分离技术，以液体为流动相，采用高压输液系统，将具有不同极性的单一溶剂或不同比例的混合溶剂、缓冲溶液等流动相泵入装有固定相的色谱柱，在柱内各组分被分离后，进入检测器进行检测，从而实现对试样的分析。对于沸点较高、相对分子质量较大或极性较大，气相色谱无能为力的组分，高效液相色谱可以非常方便地进行分离和鉴定，因此广泛应用于有机分析、环境分析、食品和生物化学分析等领域。高效液相色谱发展十分迅猛，其仪器结构和流程多种多样。典型的高效液相色谱仪一般都具备储液器、高压泵、梯度洗脱装置、进样器、色谱柱、检测器、恒温器、记录仪等主要部件(图 4-8)。

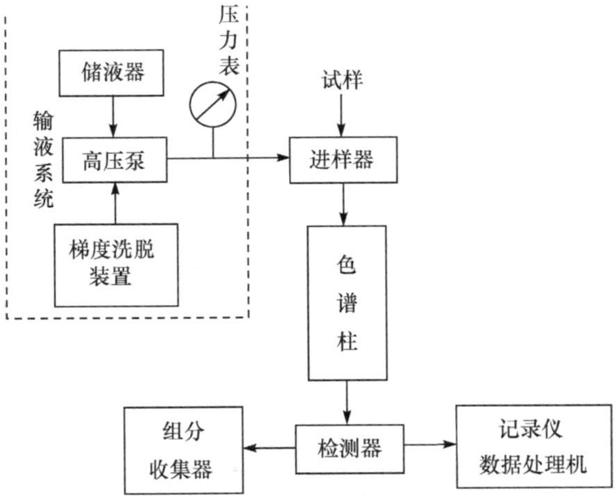

图 4-8　高效液相色谱仪流程示意图

4.6　电　　泳

电泳是空间匀强电场作用下，分散粒子在流体中发生移动的现象。不同带电粒子因所带电荷不同，或虽所带电荷相同但质荷比不同，在同一电场中电泳，经一定时间后，由于移动距离不同而相互分离(图 4-9)。分开的距离与外加电场的电压与电泳时间成正比。

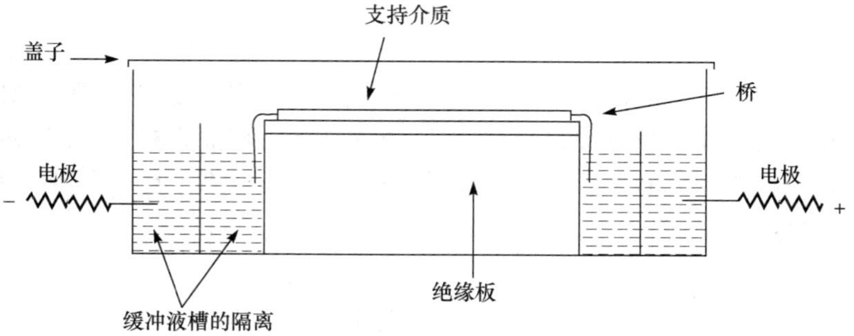

图 4-9　电泳装置示意图

溶液的 pH 决定带电物质的解离程度，也决定物质所带净电荷的多少。对蛋白质、氨基酸等类似两性电解质，pH 离等电点越远，粒子所带电荷越多，泳动速率越快，反之越慢。因此，用电泳法分离氨基酸混合物是一类常见的技术。

第5章　有机化学波谱技术分析

5.1　红外光谱

当一束具有连续波长的红外光通过物质，物质分子中某个基团的振动频率或转动频率和红外光的频率一样时，分子就吸收能量由原来的基态振（转）动能级跃迁到能量较高的振（转）动能级，分子吸收红外辐射后发生振动和转动能级的跃迁，该处波长的光就被物质吸收。红外光谱（infrared spectroscopy，IR）就是物质吸收中红外（波长范围 2.5～25 μm，即波数 4000～400 cm^{-1}）照射，发生分子振动和转动能级跃迁，而产生相应信号的吸收光谱。

分子的振动形式可以分为两大类：伸缩振动和弯曲振动。前者是指原子沿键轴方向的往复运动，振动过程中键长发生变化，后者是指原子垂直于化学键方向的振动，通常用不同的符号表示不同的振动形式。例如，伸缩振动可分为对称伸缩振动和反对称伸缩振动，分别用 ν_s 和 ν_{as} 表示；弯曲振动可分为面内弯曲振动（δ）和面外弯曲振动（γ）。从理论上来说，每一个振动都对应着一个能级的变化，而不同化学键的振动能级各不相同，所吸收的红外光的波长也不同。用仪器记录对应的入射光和出射光强度的变化而得到光谱图，可以鉴别各种化学键。

当外界电磁波照射分子时，如照射的电磁波的能量与分子的两能级差相等，该频率的电磁波就被该分子吸收，从而引起分子对应能级的跃迁，宏观表现为透射光强度变小。电磁波能量与分子两能级差相等为物质产生红外光谱必须满足的条件之一，这决定了吸收峰出现的位置，在红外光谱图对应的位置上出现一个吸收峰。红外光谱产生的第二个条件是红外光与分子之间有偶合作用，为了满足这个条件，分子振动时其偶极矩必须发生变化。这实际上保证了红外光的能量能传递给分子，这种能量的传递是通过分子振动偶极矩的变化来实现的。实际上，一些振动分子没有偶极矩变化是红外非活性的；另外一些振动的频率相同，发生简并；还有一些振动频率超出了仪器可以检测的范围，这些都使得实际红外谱图中的吸收峰数目大大低于理论值。

5.1.1　红外光谱仪

红外光谱可由红外光谱仪测得。现在普遍采用傅里叶变换红外光谱仪（FTIR）。傅里叶变换红外光谱仪是光干涉型红外光谱仪，由光学检测系统、计算机接口、电子线路系统组成。光学检测系统由迈克尔逊干涉仪、光源、检测器组成。迈克尔逊干涉仪是核心部件，基本功能是产生两束相干光，并使之以可控制的光程相互干涉。干涉光束进入样品区，光束中与样品特征相关波长的干涉光被选择性地吸收，最终在检测器上产生包含了样品红外吸收波长和强度特征的干涉信号（图 5-1）。

所得图谱最常见的以波数为横坐标，单位是 cm^{-1}，也可采用波长、频率等表示方法。纵坐标是透射率 T（%），是辐射光透过样品物质的百分数，即 $I/I_0\times100\%$，其中，I 为辐射光的透过强度，I_0 为入射光强度。

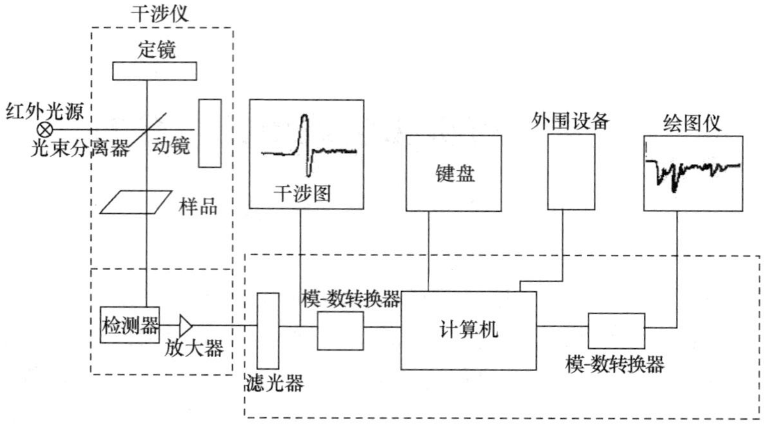

图 5-1　傅里叶变换红外光谱仪示意图

5.1.2　样品准备与测定

样品要求：气体、液体或固体样品均可以进行红外光谱测定。用于红外测定的样品需符合两个要求：纯度>98%；样品不含有水分。否则可能造成较强的杂质峰或水峰，严重影响谱图分析和判断。

1. 固体样品

通常以液体石蜡研糊法和卤盐压片法进行测定。液体石蜡研糊法是将 5 mg 固体样品在光滑的玛瑙研钵中充分研磨，加入一滴或几滴研糊油（Nujol，精制的矿物油）或六氯丁二烯后继续研磨而成。将糊状物涂抹在盐片上，并用另一块盐片覆盖在上面，再将盐片放置在盐片支架上，安放在红外光谱仪中，记录红外光谱。液体石蜡为碳氢化合物，在 3030～2830 cm^{-1} 有 C—H 伸缩振动，1460～1375 cm^{-1} 有 C—H 弯曲振动，应注意消除这些峰对解析谱图产生的干扰。

卤盐压片法是将约 1 mg 的样品与干燥的溴化钾或氯化钾粉末在光滑的玛瑙研钵中充分研磨混匀，用特制的模具，在 800～1000 kg/cm^2 压力下将混合物压成圆片。小心取下圆片，放置在盐片支架上，安放在红外光谱仪中，记录红外光谱。使用压片法得到的红外光谱通常在 3440 cm^{-1} 和 1630 cm^{-1} 附近出现由水分引起的谱带，所以测定时应注意溴化钾及样品的干燥。

2. 液体样品

液体可以在纯液体状态或者将溶液中注入吸收池内进行测定。吸收池的两端是用对红外光透明的岩盐做成的窗片（盐片），选择的溶剂应在红外区透明，并不与样品分子发生相互作用。

5.1.3　红外光谱吸收峰的分区与应用

1. 红外光谱吸收峰分区

整个红外光谱大致分为两个区域：官能团区（4000～1300 cm^{-1}）和指纹区（1300～

660 cm^{-1})。官能团区的峰为化合物特征官能团的吸收峰，波数相对比较稳定，而指纹区光谱比较复杂，分子结构和构型的差别都能引起指纹区特征吸收峰的明显改变。

也可将红外光谱细分为四个区域(图 5-2)。4000～2500 cm^{-1}为氢键区(O—H、C—H、N—H 等含氢官能团的特征吸收峰区)，2500～2000 cm^{-1}为叁键区(C≡C 键及 C═C═C 等累积双键的特征吸收峰区)，2000～1500 cm^{-1}为双键区(C═C、C═N、—NO_2 等官能团的特征吸收峰区)，1500～400 cm^{-1}为单键区(C—O 等不含氢单键官能团的伸缩振动吸收峰及含氢官能团的弯曲振动吸收峰区)。图 5-3 给出苯甲酰胺的红外光谱图示例，并指明关键峰的归属。

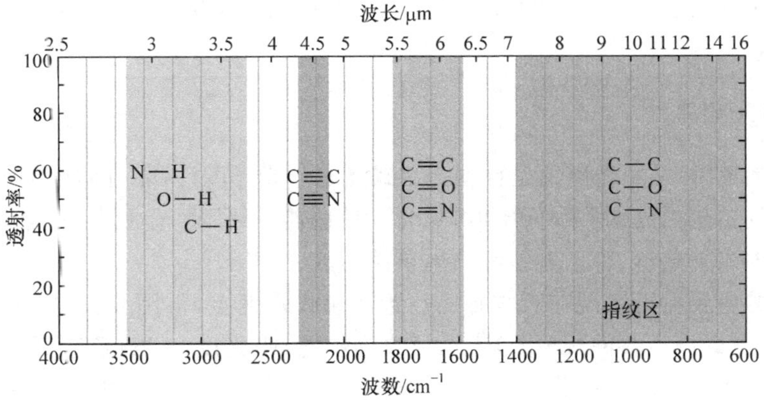

图 5-2　红外特征峰分区示意图

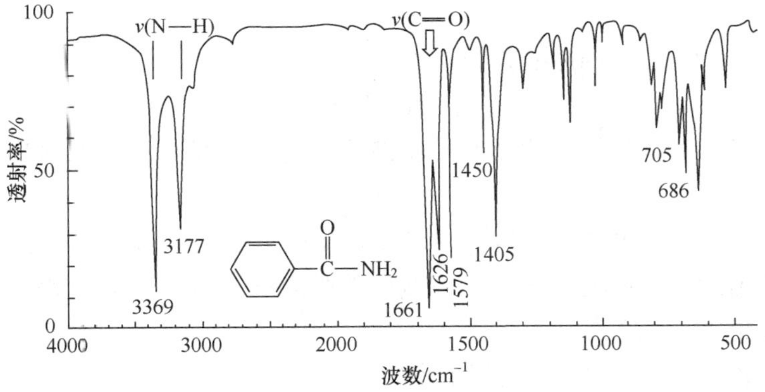

图 5-3　苯甲酰胺的红外光谱图

2. 红外光谱图解析的一般步骤

(1) 是否含 C═O 峰，主要观察范围在 1870～1650 cm^{-1}的强峰，这是红外光谱中最具特征的峰。

(2) 如果 C═O 存在，进一步确定其类型：羧酸在 3400～2400 cm^{-1}处有一宽峰，酰胺在 3500 cm^{-1}左右有中强峰或双峰，酯在 1300～1000 cm^{-1}处有强峰(C—O)，醛在 2850 cm^{-1}和 2650 cm^{-1}有弱吸收峰(C—H)。结合这些特征峰和羰基峰的位置特征，进一步判断羰基类型。

(3) 双键约出峰在 1650 cm^{-1}，芳香环在 1650～1450 cm^{-1}处有特征带。

(4) C≡N 在 2250 cm^{-1},C≡C 在 2200 cm^{-1}(同时在 3300 cm^{-1}有≡CH 峰)有明显吸收峰,干扰较少。

(5) 硝基在 1600～1500 cm^{-1}和 1390～1300 cm^{-1}有两个强峰。

5.2 紫外光谱

应用不同波长紫外或可见光(200～800 nm)依次照射一定浓度的样品溶液,测出在不同波长处样品的吸光度,然后以波长为横坐标,吸光度为纵坐标作图,即可得到紫外-可见吸收光谱。紫外光有足够的能量使分子的价电子由基态跃迁到高能量的激发态,所以紫外-可见光谱也称为电子吸收光谱。

5.2.1 紫外分光光度计

目前通用的紫外-可见光谱仪是自动记录式光电分光光度计,能自动连续记录样品的紫外光谱。光谱仪的结构由光源(紫外光和可见光)、单色器、样品池、检测器、记录装置和计算机等组成。单色器由入射狭缝、色散系统和出射狭缝组成。

紫外光谱的主要特征表现在吸收峰的位置和吸收强度上,常用波长(λ)作为横坐标,最大吸收波长(λ_{max})和最小吸收波长(λ_{min})表示吸收峰位置,吸光度(A)或透射率(T)作为纵坐标。同一物质在同一条件下测得的紫外光谱应完全一致。不过吸收光谱相同不一定是同种物质。紫外光谱需要与其他的分析方法结合使用,才能准确推测样品的结构。

5.2.2 朗伯-比尔定律

根据朗伯-比尔(Lambert-Beer)定律:

$$A=Kcl$$

式中,K 为吸光系数,也就是单位浓度和单位液层厚度时的吸光度。摩尔吸光系数是最常使用的。

摩尔吸光系数表示在单位体积溶液中(1 L),溶质浓度为 1 mol/L,液层厚度为 1 cm 时,在一定条件(pH、温度等)下,相应波长位置测得的吸光度。用 ε_λ 表示(λ 表示测定的波长),单位是 L/(mol · cm)。

摩尔吸光系数的数值也常用对数值来表示,即 lgε。

5.2.3 样品测定

1. 样品溶液的配制

要得到一张如实反映样品结构性质的光谱图,对样品的纯化、溶液浓度和溶剂选择都很重要。严格纯化的样品应该保存在干燥器内,防止水分进入。溶剂对样品应有一定的溶解度,样品与溶剂不发生任何化学反应,在所测定的波长范围内透明。样品浓度在定性测定时,控制在 A 为 0.7～1.2,定量测定时控制在 0.2～0.8 范围较合适,误差较小。

2. 吸收池选择

吸收池又称比色皿,其形状因所用仪器不同而异,一般为方柱型,两面是光面,另两面是毛面，应该让光线从光面通过，而手拿毛面操作。用作样品池和参比池的一对吸收池必须严格匹配，保证它们的光学性质、壁厚和吸收光程完全相同。在测量实验中可采用交换样品池和参比池的方法，校正吸收池的光学不等性，采用它们的平均值作为实际吸光度。

一般吸收池的光程（池厚）为 1 cm，当需要使溶剂的吸收减少到最小时，应使用短光程（如 2.5 mm）的吸收池。

紫外光谱应用实例：在黄酮类化合物鉴定中的应用。

紫外光谱是鉴定黄酮类化合物结构的一项重要技术。黄酮、黄酮醇（3-OH 母核）等多类黄酮类化合物，因分子中存在桂皮酰基及苯甲酰基组成的交叉共轭体系，故其甲醇溶液在 200～400 nm的区域内存在两个主要的吸收带，成为带Ⅰ（300～400 nm）和带Ⅱ（220～280 nm）。

带Ⅰ由桂皮酰系统（B 环）的电子跃迁引起：

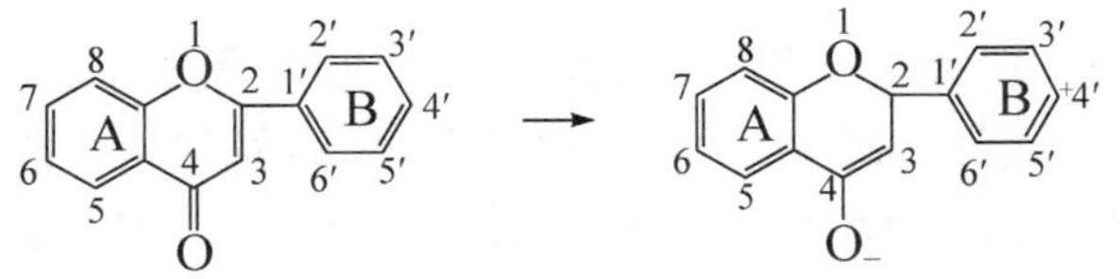

带Ⅱ由 A 环苯甲酰基系统的电子跃迁引起：

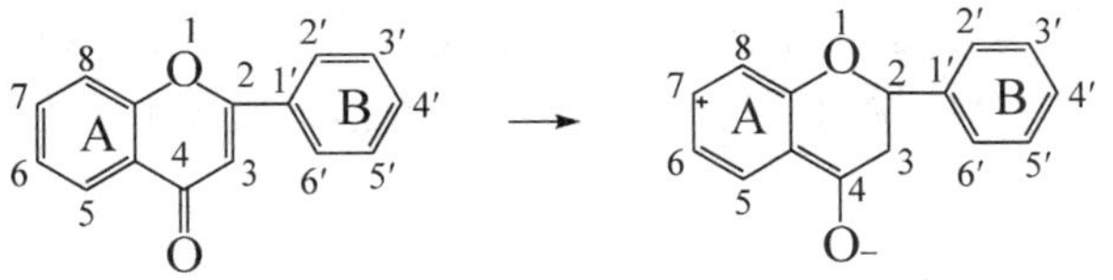

根据带Ⅰ、带Ⅱ的峰位及形状，可以初步推断黄酮及黄酮醇母核上羟基取代的数目及图示；可进一步在样品的甲醇溶液中加入反应试剂（诊断试剂），观察光谱变化以鉴定化合物类型和母核上羟基取代位置。

5.3　核磁共振谱

核磁共振（nuclear magnetic resonance，NMR）谱在有机分子结构研究中是一种重要的手段，可以提供多种结构信息，不破坏样品，应用十分广泛。

核磁共振源于能够产生诱导磁场的核自旋，其中最重要的是氢。氢的核磁共振谱（^{1}H NMR）可以反映有机分子结构中处于不同位置的氢原子相对数目以及相互之间的毗邻关系等信息，由此推测分子结构。

氢核在磁场中能按磁场方向取向，核磁共振谱以测定改变这种取向所需要的射频能为基础。

5.3.1　核磁共振波谱仪

核磁共振波谱仪如图 5-4 所示。

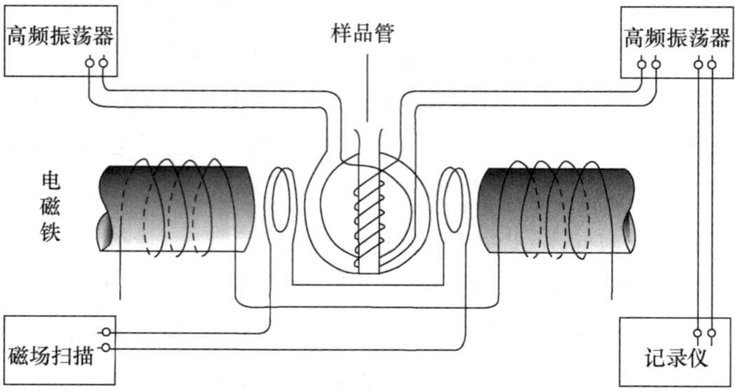

图 5-4　核磁共振波谱仪示意图

如果样品能吸收射频振荡器发出的射频并被检测，所形成的信号记录得到核磁共振谱图。谱图上的谱峰一般以四甲基硅烷（TMS）的信号为基准点，其相对距离称为化学位移，常以 δ 表示。质子的化学位移受到其周围的电子环境的影响。当绕原子核旋转的电子在外磁场作用下产生的感应磁场能对抗外加磁场时，质子会因为屏蔽作用而使其实受磁场降低，从而导致核磁共振向高场移动，化学位移（δ 值）变得较小；若产生的感应磁场能增强外加磁场，质子会因为失去屏蔽作用，而使其实受磁场增强，从而导致核磁共振谱峰向低场移动，化学位移（δ 值）变得较大。在一般有机化合物中，比 TMS 屏蔽效应更强的质子几乎没有，一般质子的化学位移为 0～10。

5.3.2　核磁共振波谱仪实验操作

选用合适溶剂将样品溶解并配制成 2% 左右的溶液约 1 mL，所用溶剂以氘代氯仿和氘代二甲亚砜最为常见，一般含有 TMS 内标；将配好的溶液注入直径为 5 mm，长约 18 cm 的核磁管中，溶液注入量至少有 4 cm。

液体样品可以考虑直接测试，固态样品一般配成溶液，再进行测试。配置溶液时，应选用不含质子、不与样品发生反应的溶剂，一般常用氘代溶剂。注意在通过谱图解析物质结构的过程中，消除溶剂残余质子峰和水峰的影响。

5.3.3　各类质子的化学位移

各类质子的化学位移范围列于表 5-1。溶剂中残余质子峰的化学位移列于表 5-2。

表 5-1　各类质子的化学位移范围

质子	化学位移（δ）
脂肪族 C—H（C 原子不连接杂原子）	0～2.0
β-取代脂肪族 C—H	1.0～2.0
炔氢 C≡C—H	1.6～3.4
α-取代脂肪族 C—H（C 上连接 O、X、N 或与烯键、炔键相连）	1.5～5.0
烯氢 C═C—H	4.5～7.5

续表

质子	化学位移(δ)
苯环及其他芳杂环 Ar—H	6.0～9.5
醛氢—CHO	9.0～10.5
各类 O—H	
醇类	0.5～5.5
酚类	4.0～8.0
羧酸类	9.0～13.0
各类 N—H	
脂肪胺	0.6～3.5
芳香胺	3.0～5.0
酰胺	5.0～8.5

表 5-2　溶剂中残余质子峰的化学位移

溶剂	残留质子 δ 值	溶剂	残留质子 δ 值
$CDCl_3$	7.27,1.5(水峰)	苯-d_6	7.20
CD_3OD	3.35,4.8*	乙酸-d_4	2.05，8.5*
CD_3COCD_3	2.05,2.8(水峰)	CCl_4	—
D_2O	4.7*	CS_2	—
CD_3SOCD_3	2.50，3.3(水峰)	CH_3NO_2	4.33
二氧六环-d_8	3.55	CH_3CN	1.95
吡啶-d_5	6.98，7.35，8.50	CF_3COOH	12.5*
二甲基甲酰胺-d_7	2.77，2.93，7.5(宽)*		

* 变动较大，与所测化合物浓度及温度有关。

5.3.4　自旋偶合与裂分

两种自旋核之间引起能级分裂的相互干扰称为自旋偶合。自旋偶合通过化学键传递，引起谱线增多，这种现象称为自旋分裂。自旋偶合作用的大小用偶合常数 J 表示，单位为 Hz，反映磁核间的干扰作用，其大小不受外界磁场及条件的影响。

在一级谱(又称低级谱)中，氢原子受邻近碳上氢的偶合产生裂分峰的数目可以用 $n+1$ 规律计算：若邻近碳上有 n 个相同种类的氢，则产生$(n+1)$个裂分峰；若邻近还有 n' 个另一种氢原子与其偶合，则将产生$(n+1)\times(n'+1)$个峰。由 $n+1$ 规律所得的裂分峰，强度比可以用二项式$(a+b)^n$的展开式的各项系数来表示。在高级谱中，$n+1$ 规律不适用。

例如，乙醇的^1H NMR 谱图如图 5-5 所示。各种质子的峰面积之比为 1∶2∶3。甲基的峰受亚甲基两个氢原子的偶合裂分成三重峰，面积之比为 1∶2∶1；亚甲基则受甲基三个氢原子偶合裂分成四重峰，强度比为 1∶3∶3∶1。羟基质子不与其他质子偶合，为单峰。

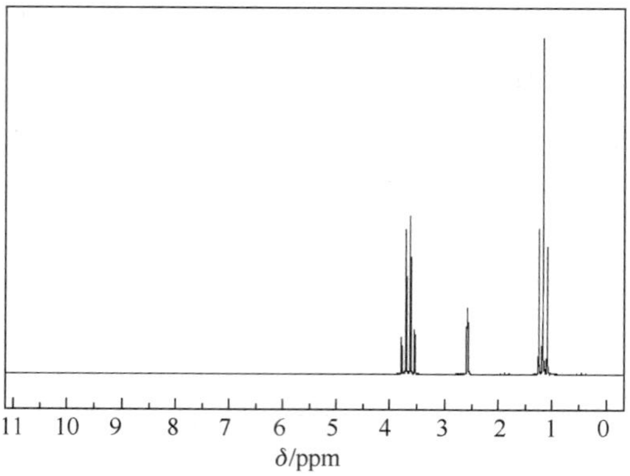

图 5-5　乙醇的[1]H NMR 谱图

5.4　质　　谱

质谱(mass spectrometry，MS)法是在离子源中将样品分子解离成气态离子，样品分子会失去一个电子，得到带正电荷的分子离子，测定生成离子的质量和强度(质谱)，进行成分和结构分析的方法。质谱法是唯一可以用于确定相对分子质量和分子式的方法。

当具有一定能量的电子流冲击气态有机分子时，会使分子失去一个价电子成为带一个正电荷的分子离子。有机分子形成分子离子的离子化电压(解离能)为 9～15 eV，一般使用的冲击电子流能量为 50～80 eV，常规为 70 eV。因而，电子流电子的能量比解离能高得多，多余能量可导致化学键断裂，形成许多碎片。带正电荷的分子离子及碎片离子按质荷比大小依次经过质谱仪，在其相应的质荷比(m/z)值处出现峰，并依质荷比大小排列得到质谱图。

典型的质谱仪(图 5-6)一般由进样系统、离子源、质量分析器、检测器组成。此外，还包括真空系统、供电系统和数据处理系统等辅助设备。质谱仪的核心部件是质量分析器。

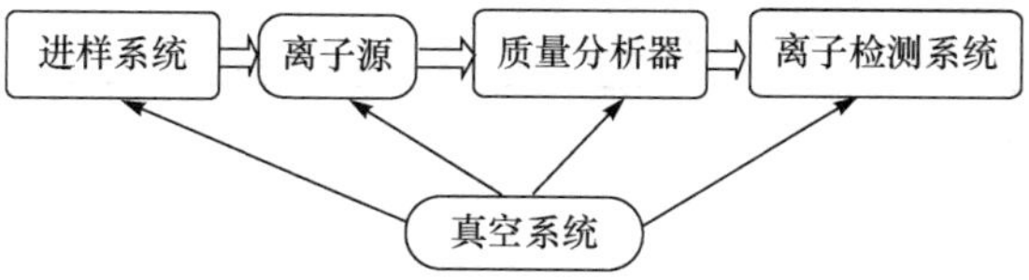

图 5-6　质谱仪组成示意图

质谱仪一般采用条状图，横轴表示质荷比(m/z)。因为 z 值常为 1，所以实际上 m/z 值多为该离子的质量数。纵轴表示峰的相对强度(relative intensity，RI)或称相对丰度(relative abundance，RA)。纵轴以图中最强的离子峰(基峰)的峰高为 100%，而以对它的百分比来表示其他离子峰的强度。峰越高表示检测到的离子越多，也就是说，谱线的强度与离子的多少成正比。如图 5-7 所示，化合物 A 的相对分子质量为 387，相对峰高为 100%，388 为 $M^{+}+1$ 峰，相对峰高为 37%。

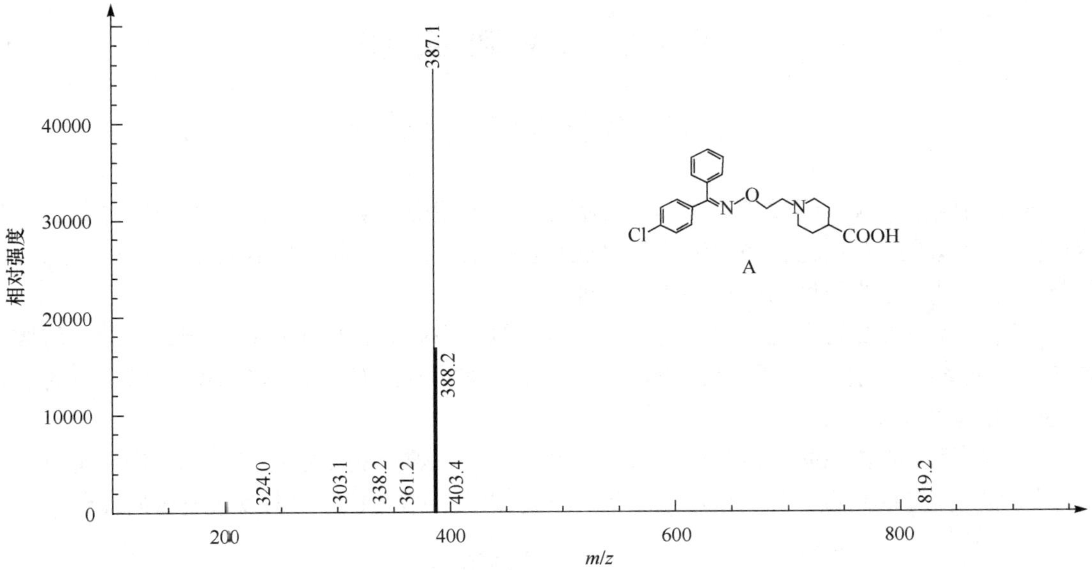

图 5-7　化合物 A 的质谱图

第6章　基础实验

实验1　乙酰苯胺熔点的测定

纯净物熔程一般不超过0.5～1 ℃，而不纯物质的熔点一般会降低，熔程增长。因此，通过熔点测定可以检验有机化合物的纯度；并且通过测定比较两种有机化合物混合后的熔点可以判断具有相同熔点的两种物质是否是同一种物质。

乙酰苯胺是重要的有机合成中间体，是磺胺类药物的原料，可用作止痛剂、退热剂、防腐剂和染料中间体，也可用于合成硫代乙酰胺，在工业上作为橡胶硫化促进剂、纤维酯涂料的稳定剂、过氧化氢的稳定剂等。

本实验通过测定乙酰苯胺的熔点，可以判断其纯度。熔点的测定在工业化生产中也具有实际意义，如在生产时用以指导烘干乙酰苯胺的温度，以及反应合成阶段时反应温度的设定等。

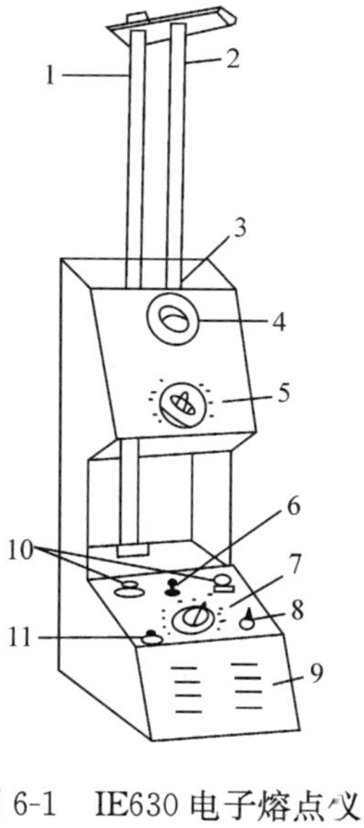

图6-1　IE630电子熔点仪

1. 支柱；2. 温度计；3. 加热板上的硼硅酸盐玻璃外罩；4. 放大镜；5. 控温微调开关；6. 指示灯；7. 控温粗调分挡旋钮；8. 电源开关；9. 选择温度范围指南；10. 装毛细管的塑料筒；11. 弹顶式加热按钮

一、实验目的

了解熔点测定的意义及应用；掌握测定固体化合物熔点的操作方法。

二、实验原理

熔点是纯净固体有机化合物的重要物理常数之一，它是固体化合物在大气压（101.325 kPa）下固液两相处于平衡时的温度。纯净的固体有机化合物一般都有固定的熔点，从开始熔化（初熔）至完全熔化（全熔）的温度范围称为熔程或熔距。

三、实验仪器及药品

仪器：长35 cm玻璃管一支，直径1 mm毛细管，熔点测定仪一台（图6-1）。

药品：乙酰苯胺。

四、实验步骤

（1）熔点管的制备。取内径1 mm、长8～10 cm薄壁毛细管，一端在酒精灯上烧融封口，即为熔点管[1]。

（2）样品的填装。取少量干燥样品置于洁净干燥的表面皿中，用玻璃棒碾细，并堆成小堆。将熔点管开口端插入样品中，装入少量样品后，将长约35 cm的长玻璃管直立于桌面上，让熔点管开口端朝上，由玻璃管上口投入，使之从管内自由落下，利用自由落体的重力，使样品均匀紧密地落到熔点管底部，样品装填高度以2～3 mm为宜[2]。

（3）将装好样品的熔点管放入加热板上的小孔中。

(4) 打开电源,开始加热,注意升温速率不宜太快[3]。

(5) 通过加热板前面的放大镜,观察样品熔化过程。

(6) 记录熔点范围(熔程),即开始熔化(毛细管内固体塌陷的瞬间温度)至完全熔化(毛细管内全部成为透明液体瞬间)的温度[4]。实验至少重复两次,每一次测定都必须用新的熔点管重新装样品,不能使用已测过熔点的样品管。

五、注意事项

[1] 熔点管必须洁净,管壁太厚,热传导时间长,会使测得熔点偏高。

[2] 样品粉碎要细,填装要实,否则产生空隙,不易传热,造成熔程变大;样品不干燥或含有杂质会使熔点偏低,熔程变大;样品量太少不便观察,而且熔点偏低;太多会造成熔程变大,熔点偏高。

[3] 升温速率应慢,让热传导有充分的时间;升温速率过快,熔点偏高。

[4] 纯乙酰苯胺是无色片状晶体,熔点为 114 ℃左右。

六、思考题

(1) 若样品研磨的不细或装得不紧密,对测定结果产生什么影响?所得数据是否可靠?

(2) 加热快慢为什么会影响熔点测定?在什么情况下加热可以快一些,而在什么情况下加热则要慢一些?

(3) 能否使用第一次测定熔点时已经熔化了的有机化合物再做第二次测定呢?为什么?

实验2 旋光法测定蔗糖溶液的浓度

旋光法是利用平面偏振光通过含有某些光学活性物质的液体或溶液时发生的旋光现象来测量药物或检查药物的纯杂程度的方法,也可用来测定旋光物质的含量。物质的旋光度不仅与其化学结构有关,而且还和测定时溶液的浓度、样品管长度以及测定时的温度和偏振光的波长等有关。

旋光法的应用主要包括药物鉴别(如《中华人民共和国药典》要求测定比旋光度的药物有葡萄糖、硫酸奎宁、肾上腺素、头孢噻吩钠等)、杂质检查和含量测定(如《中华人民共和国药典》采用旋光法测定含量的药物有葡萄糖注射液、右旋糖酐葡萄糖注射液、右旋糖酐氯化钠注射液等)。

一、实验目的

了解旋光仪的构造,掌握旋光仪的使用方法;学习通过测定物质的旋光度,计算该化合物的浓度的方法。

二、实验原理

某些有机化合物分子具有手性,能使偏振光振动平面旋转。比旋光度是旋光物质的特性常数之一,通过测定旋光度可以检验旋光性物质的纯度和含量。

物质的旋光度与物质的浓度、溶剂、温度、样品管长度及光源的长度等都有关系,常用比旋光度$[\alpha]$来表示物质的旋光性:

$$[\alpha]_{\lambda}^{t}=\alpha/lc$$

式中，α 为实测物质的旋光度；l 为样品管长度(dm)；c 为溶液的浓度(g/mL)。

三、实验仪器及药品

仪器：WXG-4 目视旋光仪(图 6-2)。

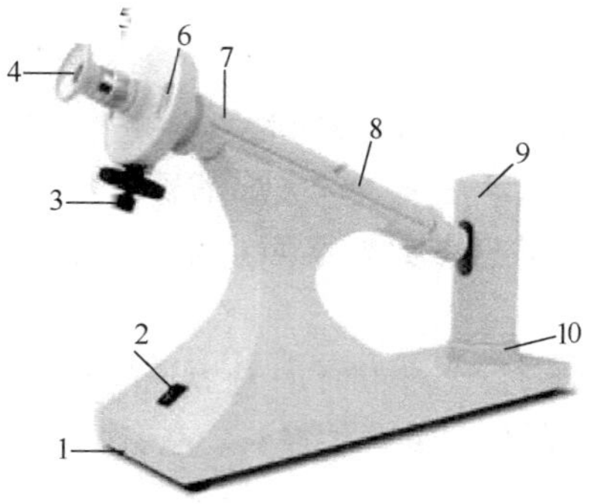

图 6-2　WXG-4 目视旋光仪的构造图

1. 底座；2. 电源开关；3. 底盘转动手轮；4. 读数放大镜；5. 视度调节手轮；6. 刻度盘及游标；7. 镜筒；8. 镜筒盖；9. 镜盖手柄；10. 灯座

药品：蔗糖溶液，蒸馏水。

四、实验步骤

(1) 预热。开启旋光仪电源开关，使仪器预热约 5 min，钠光灯发光正常稳定后才开始使用测定。

(2) 旋光仪零点的校正。在测定样品前，需要先校正旋光仪的零点。将蒸馏水装入干净的样品管中，使液面凸出管口，将玻璃盖沿管口边缘轻轻平推盖好，不能带入气泡，旋上螺丝帽盖，使之不漏水为宜。将样品管擦干，放入旋光仪内盖上盖子。将刻度盘调至零刻度左右，微动手轮，使视场内三部分亮度一致再读数，重复操作至少三次取平均值。若零点相差太大时，应重新校正仪器。

(3) 旋光度的测定。先用少量待测液润洗样品管两次，然后将溶液装入样品管中，依上法测定其旋光度，所得的读数与零点之间的差值即为该物质的旋光度，测三次取平均值。记录样品管的长度和测定时的温度，然后按公式计算样品的浓度。

五、思考题

测定旋光度时，如果样品管中光通路上有气泡，将会产生什么影响？

实验 3　水蒸气蒸馏提取烟碱

烟碱又名尼古丁(nicotine)，是一种难闻、味苦、无色透明的油质液体，沸点为 247 ℃，是烟草中最主要的一种含氮生物碱，在烟叶中的含量为 1%～3%。烟碱挥发性强，在空气中极易氧化成暗灰色物质。通过口鼻支气管黏膜，烟碱很容易被机体吸收，粘在皮肤表面的尼古丁也可被吸收渗入体内。一支香烟所含的尼古丁可毒死一只小白鼠，20 支香烟中的尼古丁可毒死一头牛，如果人一次吸食大量尼古丁（50～70 mg，相当于 40～60 支香烟的尼古丁含量），有可能致人死亡。烟碱对昆虫具有杀灭作用，在其结构基础上开发了一类烟碱类杀虫剂（如吡虫啉）。

一、实验目的

学习水蒸气蒸馏的原理及应用，掌握水蒸气蒸馏的装置[附图 1-5(a)]及操作方法；了解生物碱的提取方法、原理及其一般性质。

二、实验原理

根据道尔顿分压定律，在不溶或微溶于水的有机化合物中通入水蒸气时，整个体系的蒸气压等于各组分的蒸气压之和，即混合总蒸气压 $p_{总}=p_{水}+p_{物}$。当混合物中各组分的蒸气压总和等于外界大气压时，混合物开始沸腾。

烟碱很容易与盐酸反应生成烟碱盐酸盐而溶于水。游离烟碱在 100 ℃左右具有一定蒸气压，因此，可以用水蒸气蒸馏法分离提纯。烟碱结构式如下所示：

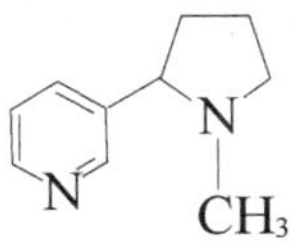

三、实验仪器及药品

仪器：10 mL 圆底烧瓶，球形冷凝管，250 mL 双口烧瓶，蒸馏试管，T 形管，直形冷凝管，尾接管，锥形瓶，烧杯，玻璃棒，小试管，长颈漏斗，红色石蕊试纸。

药品：粗烟叶或烟丝，10% HCl，40% NaOH，0.5%乙酸，碘化汞钾试剂，饱和苦味酸溶液。

四、实验步骤

(1) 取香烟 1/2～2/3 支放入 10 mL 圆底烧瓶中，加入 10% HCl 6 mL，装上球形冷凝管回流 20 min。

(2) 待圆底烧瓶中混合物冷却后，将其中的液体转入小烧杯，用 40% NaOH 中和至碱性（使红色石蕊试纸变蓝）。

(3) 将上述混合物用长颈漏斗转入蒸馏试管中（蒸馏试管中溶液不超过其底部至支管口高度的 1/3），按照图 3-10 装好装置。蒸馏前打开 T 形管螺旋夹，通冷凝水，加热水蒸气发生器（双口烧瓶），当 T 形管的支管口有大量蒸气冲出时，立即旋紧螺旋夹，让水蒸气导入蒸馏试管中，开始蒸馏。蒸馏过程中，注意防止倒吸。

(4) 取小试管两支各收集 4～5 滴烟碱馏出液。一支小试管中加入几滴饱和苦味酸溶液，观察是否有沉淀产生；另一支小试管中加 2 滴 0.5%乙酸溶液及 2 滴碘化汞钾溶液，观察有无沉淀产生。蒸馏结束，应先打开 T 形管的螺旋夹，再移开热源，关闭冷凝水，拆除装置[1]。

五、注意事项

[1] 蒸馏过程中,注意防止倒吸,一旦倒吸应迅速将 T 形管上螺旋夹打开。

六、思考题

(1) 为什么要先用 HCl 溶液处理烟丝?
(2) 进行水蒸气蒸馏时,水蒸气导入管的末端为什么要插入接近于蒸馏试管底部?
(3) 在蒸馏过程中,可以采取哪些措施防止倒吸现象发生?

实验 4　辣椒红色素的提取

辣椒红色素为深红色油溶性液体,色泽鲜艳,着色力强,耐光、热、酸、碱,且不受金属离子影响;广泛应用于水产品、肉类、糕点、色拉、罐头、饮料等各类食品和医药的着色,也可用于化妆品的生产。辣椒的呈色物质主要是辣椒红色素,辣椒红色素是一类存在于辣椒中的类胡萝卜素类色素,占辣椒果皮质量的 0.2%～0.5%。研究表明,辣椒红色素最主要的成分是辣椒红素和辣椒玉红素。不同成熟期的辣椒果实中,辣椒红色素的含量有很大的变化,因而常用成熟红辣椒果实来提取辣椒红色素。

一、实验目的

掌握辣椒红色素的提取方法;掌握索氏提取的操作技术。

二、实验原理

用溶剂提取固体中的可溶部分往往由于溶解平衡而不能提取完全。在索氏提取器(附图 1-8)中溶剂蒸气冷凝后产生的液体将可溶部分浸提,溶剂达到虹吸管最高处时发生虹吸,流回烧瓶,在加热下溶剂气化成蒸气继续上升,而被萃取的溶质留在烧瓶内,从而打破了提取时的溶解平衡而使浸提趋于完全。

三、实验仪器及药品

仪器:单口烧瓶(50 mL),索氏提取器,滤纸,剪刀,蒸馏头,直形冷凝管,牛角管,小口试剂瓶,酒精灯。

药品:红辣椒粉,二氯甲烷。

四、实验步骤

(1) 如图 3-15 所示,依热源高度固定烧瓶,加入两三粒沸石,装好索氏提取器。将 1 g 干红辣椒粉用滤纸包好,放入提取器内(注意纸包大小与形状)。

(2) 用量筒取约 25 mL 二氯甲烷,从提取器口加入,使其从虹吸管吸入烧瓶(一般溶剂用量是虹吸两次的体积)[1]。

(3) 在索氏提取器上方装上回流冷凝管,通冷凝水。水浴加热烧瓶,索氏提取器开始工作。反复提取至虹吸下的液体无颜色(约 40 min)。

(4) 停止加热,将索氏提取装置改为蒸馏装置,重新添加沸石,重新加热蒸馏浓缩提取液,当浓缩至约 5 mL 时，停止加热浓缩，残留液置棕色瓶中保存备用。

五、注意事项

[1] 提取过程中一定要保证烧瓶中溶剂不出现蒸干现象，如溶剂不够，可以撤掉酒精灯后，向索氏提取器中缓慢补充适量溶剂。

六、思考题

提取物中主要有哪些成分？可以用什么方法进一步将它们分离开来？

实验 5　薄层层析分离菠菜叶中色素

绿色植物（如菠菜）中含有叶绿素（绿色，分为 a、b 两种）、胡萝卜素（橙色）和叶黄素（黄色）等多种天然色素。叶绿素存在两种相似的结构形式，分别为叶绿素 a（$C_{55}H_{72}O_5N_4Mg$）和叶绿素 b（$C_{55}H_{70}O_6N_4Mg$）。它们都是吡咯衍生物与金属镁元素的配合物，是植物进行光合作用的催化剂。尽管叶绿素中含有一些极性基团，但大的烃基结构使其不溶于水，而易溶于苯、乙醚、氯仿、丙酮等有机溶剂。

胡萝卜素是一种橙黄色的天然色素，有 α、β、γ 三种异构体，在植物中以 β 异构体含量最高。三种异构体在结构上的区别只在于分子的末端。叶黄素是一种黄色色素，其结构与胡萝卜素相似，属于胡萝卜色素类化合物。

几种色素的结构如下所示：

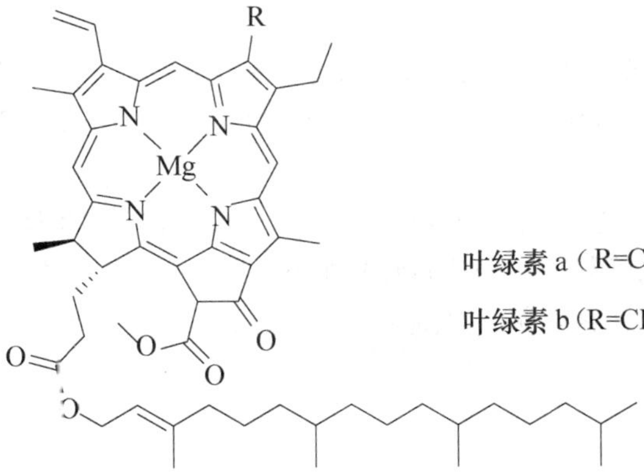

叶绿素 a（R=CH_3）
叶绿素 b（R=CHO）

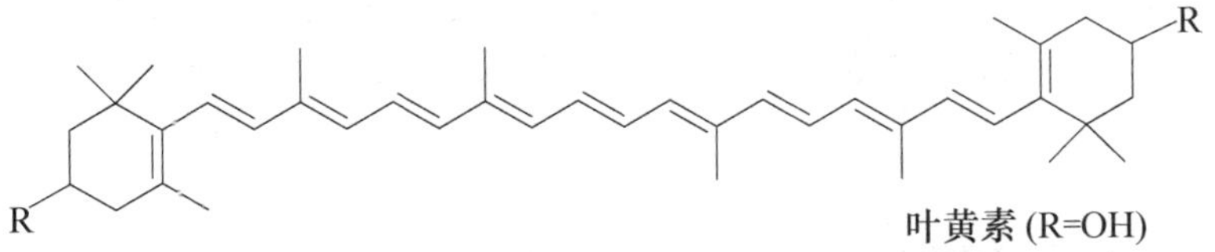

叶黄素 (R=OH)
β-胡萝卜素 (R=H)

一、实验目的

了解植物色素提取的原理和方法；学习薄层色谱法进行定性分析的原理，学习并掌握薄层色谱法的操作技术。

二、实验原理

薄层色谱法是快速分离和定性分析少量物质的重要实验技术。由于薄层板上吸附剂对不同结构物质的吸附能力不同,在展开剂的作用下,它们发生解吸的速率也不同。在展开过程中,经过吸附—解吸—再吸附—再解吸的不断重复作用,最终不同结构的物质在薄层板上所移动的距离也不同,从而使其得以分离。

三、实验仪器及药品

仪器:层析缸(12 cm × 5.5 cm),分液漏斗(25 mL),锥形瓶(50 mL),载玻片(7.5 cm × 2.5 cm),研钵,量筒(10 mL),烧杯(50 mL),滴管,玻璃棒,洗耳球。

药品:硅胶 G(薄层层析用),石油醚(60～90 ℃),NaCl 饱和溶液,95%乙醇,丙酮,无水 $MgSO_4$,展开剂(丙酮与石油醚体积比为 2∶5)。

四、实验步骤

1. 薄层板的制备

取两块载玻片,用蒸馏水洗净并烘干。称取 2.5 g 硅胶 G 于洁净的小烧杯中,加入 7 mL 蒸馏水,搅拌调成无气泡的均匀糊状,倾注到载玻片上。然后小心捏住载玻片的边缘并适当倾斜载玻片,利用重力使硅胶均匀涂布在载玻片上。将制好的薄层板放置在台面上晾干,然后放入烘箱中,110 ℃下活化 30 min[1]。

2. 叶绿素的提取

在研钵中放入 2 g 洗净并去根和去叶柄的碎菠菜叶,加入 12 mL 石油醚和乙醇(体积比 1∶1)的混合溶液,适当研磨(尽量压碎叶片,但也不要研成糊状)。如果气温较高,提取液挥发损失较多,后期可适当补充 1～3 mL 石油醚。小心地用滴管将研钵中的上清液(通常在研钵液面的边缘,呈深绿色)移至分液漏斗中,加入 3 mL 饱和 NaCl 溶液洗涤两次,分去水层,再用 5 mL 蒸馏水洗涤两次。将有机层转入干燥的锥形瓶中,加入适量(通常为 0.1 g 左右)无水 $MgSO_4$ 干燥。将干燥的提取液转移至另一锥形瓶中。提取液呈墨绿色。如果颜色较浅,可置于通风橱中适当蒸发浓缩。

3. 点样

用一根内径 1 mm 的毛细管吸取适量提取液,轻轻点在距薄板一端 1 cm 处。若一次点样不够,可待样品溶剂挥发后,再在原处重复点样,但点样斑点直径不超过 2 mm。

4. 展开

将约 2.5 mL 展开剂(丙酮与石油醚体积比为 2∶5)倒入干燥洁净的层析缸中,使液面高度为 0.5 cm,盖好缸盖并轻晃,使缸内被溶剂蒸气饱和。将已点样的薄板小心地垂直置于层析缸中,点样端向下,注意切勿使样品斑点浸入展开剂。盖好盖子,当溶剂润湿前沿上升至离薄板上端约 1 cm 时,取出薄层板,在溶剂前沿标记,晾干、记录薄层板上各斑点。

5. 计算各色素的 R_f

根据本书第 4 章图 4-1 中 R_f计算公式，计算各组分的 R_f。

在本实验中各色素的参考位置顺序由高到低分别为 β-胡萝卜素（黄色）、脱镁叶绿素（灰绿）、叶绿素 a（蓝绿）、叶绿素 b（草绿）、叶黄素（亮黄）。

五、注意事项

[1] 必须先在室温下晾干再放进烘箱活化。如果未晾干直接活化则可能导致硅胶层出现裂纹。

六、思考题

(1) 点样时为什么样品斑点不宜过大？

(2) 展开剂的液面若浸没点样斑点对薄层色谱分析有何影响？

(3) 薄层层析的优点和局限性有哪些？

实验 6　邻硝基苯胺和偶氮苯的分离

柱层析是有机化学中一种常见的分离手段。氧化铝是一种常见的柱层析固定相。本实验的主要目的是学习使用柱层析的方法分离两种颜色分明的有机化合物。

偶氮苯有顺(Z)、反(E)两种异构体。反式为橙红色棱形晶体；顺式为橙红色片状晶体，不稳定，在常温下慢慢变成反式。邻硝基苯胺主要用作染料中间体和有机合成中间体，也用于微量碘化物的测定、农药多菌灵的生产等，是一种橙黄色针状结晶。由于两种物质都有明显的颜色，所以柱层析时不需显色即可清晰地观察到它们在层析柱中的分离情况，非常适合初学者练习柱层析实验操作。

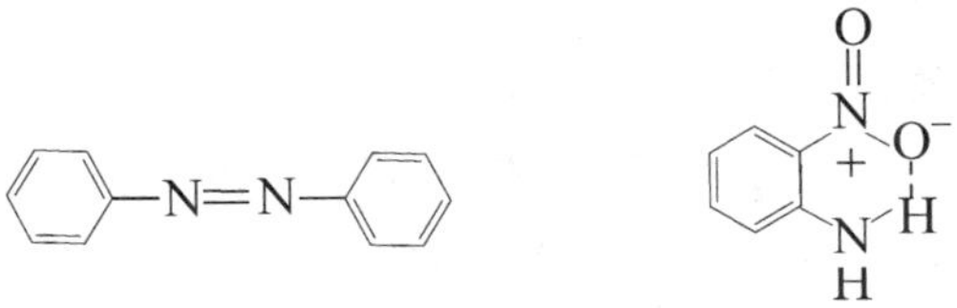

偶氮苯　　邻硝基苯胺

一、实验目的

熟悉柱层析的分离原理和应用；掌握柱层析分离有机化合物的实验操作技术。

二、实验原理

本实验以氧化铝为固定相，1，2-二氯乙烷与环己烷等体积混合液为洗脱剂，分离偶氮苯与邻硝基苯胺的少量混合溶液。由于偶氮苯和邻硝基苯胺的结构、极性不同，固定相对其的吸附能力也不一样，因此可以用柱层析的方法分离开来。偶氮苯极性较小，解吸速率较快，首先被洗脱下来；邻硝基苯胺则极性较大，解吸速率较慢，洗脱时间相对较长。

三、实验仪器及药品

仪器：色谱柱(长 25 cm，内径 1 cm)，100 mL 烧杯，100 mL 锥形瓶，玻璃棒。

药品：中性氧化铝(100～200 目，分析纯)，1% 偶氮苯和 1% 邻硝基苯胺的 1,2-二氯乙烷溶液的等体积混合溶液，1,2-二氯乙烷与环己烷等体积混合液，95% 乙醇。

四、实验步骤

1. 湿法装柱

将洗净、晾干的色谱柱固定在铁架台上，并保持竖直(附图 1-9)。关闭活塞。将一小团脱脂棉塞进层析柱的底部，用干净的玻璃棒压紧。注入少量洗脱剂，挤出脱脂棉中的气泡，称取 10 g 氧化铝于洁净的小烧杯中，加入适量洗脱剂调成悬浊状。打开层析柱活塞并使洗脱剂流速约为1 滴/s。将上述悬浊液在搅拌下倒入层析柱。用少量洗脱剂洗涤烧杯，尽量将所有氧化铝转入层析柱。此阶段中从活塞底部流出的洗脱剂都可以直接重复使用。另注意在此过程中应始终保持洗脱剂液面高于固定相表面。

转移完全后，用少量洗脱剂将柱壁的固定相冲洗下来，关闭活塞，将一张比柱内径略小的滤纸放入层析柱，盖在固定相上面。

2. 加样

打开活塞，放出液体，待液面降至和固定相表面相切时，关闭活塞。将 1 mL 待分离的混合溶液滴加到滤纸表面，如果有溶液附着在柱壁上，以尽量少的洗脱剂将其冲洗下去。小心打开活塞，重新使液面降至和固定相表面相切。再沿柱壁小心加入约 0.5 mL 洗脱剂，小心打开活塞，重新使液面降至和固定相表面相切。反复两三次，直至柱壁和顶部新加入的洗脱剂基本无色。

3. 淋洗

向层析柱中小心加入大量洗脱剂。打开活塞，控制液体流速为 1 滴/s。观察层析柱中色带下行情况和流出液体的颜色。随着色带下行，逐渐分为两层，上层为亮黄色，下层为橙红色。当下层色带即将到达柱底，换一个锥形瓶接收(此前的无色洗脱剂均可以直接重复使用)。当第一色带接收完全，滴出液体几近无色后，更换接收瓶接收空白色带。继续洗脱至第二色带即将到达柱底，更换接收瓶，至黄色色带完全洗脱。如此得到两种物质的溶液。

五、思考题

(1) 两种色带各是哪种物质？试结合物质结构说明你的理由。

(2) 柱层析过程中，必须始终保证洗脱剂液面高于固定相表面，为什么？

实验 7　柱层析分离染料

微晶纤维素粉是一种部分解聚的纤维素，不溶于水、稀酸、有机溶剂等，常用作吸附剂、助悬剂等。靛红和罗丹明 B 则是两种常见的有机染料。靛红又名吲哚醌，常应用于医药、染料、颜料等领域。例如，靛红是合成消炎解热镇痛药二氯芬酸的原料。罗丹明 B 则是一类常用的荧光染料。

一、实验目的

学习柱层析分离的基本原理;掌握柱层析的操作方法。

二、实验原理

本实验的柱层析为吸附色谱。它是利用固定相对混合物中各组分的吸附能力不同,流动相对各组分的解吸速率差异进行分离的。吸附能力弱,解吸速率快的组分会较早被洗脱下来,而吸附能力强、解吸速率慢的组分则较晚才会被洗脱,从而使各组分得以分离。

三、实验仪器及药品

仪器:层析柱(10 cm × 1 cm),烧杯(50 mL)若干,玻璃棒,滴管。

药品:微晶纤维素粉,乙醇,靛红和罗丹明 B 的混合溶液。

四、实验步骤

1. 装柱

称取 0.4 g 微晶纤维素粉于洁净烧杯中,加入 8 mL 乙醇,浸润。取一根层析柱,将少许脱脂棉放入层析柱底部,用玻璃棒压实。将层析柱固定于铁架台上,并保证和水平面垂直。关闭活塞,将浸润的微晶纤维素粉在搅拌情况下分次装入层析柱中。当微晶纤维素在柱中有一定的沉降时,打开活塞,通过流动相的流动使柱内固定相尽量均匀,松紧合适。用少量乙醇将柱壁黏附的微晶纤维素冲洗下去。此时固定相的高度约 5 cm(图 4-5)[1]。

2. 加样

当层析柱中的洗脱剂液面下降到和固定相相切时,轻晃靛红和罗丹明 B 的混合溶液,并小心用滴管向层析柱中加入混合溶液 2~3 滴。注意尽量不要沾到固定相上方的柱壁上[2]。

3. 洗脱

少量多次地加入乙醇洗脱。待一种染料被完全洗脱后(请思考如何判断洗脱完全),改用水作为流动相继续洗脱。待第二种染料全部被洗脱后,分离即完全,停止层析操作。

两种染料分别收集于不同的烧杯中。注意在洗脱过程中,液面必须时刻高于固定相。

五、注意事项

[1] 如果固定相高度低于 2 cm,可以考虑再补加少量微晶纤维素粉。

[2] 不慎沾到壁上的染料,可以用尽量少的乙醇冲洗。

六、思考题

(1) 为什么要先用乙醇作为流动相?能否先用水?为什么?

(2) 查阅靛红和罗丹明 B 的结构,并思考为什么两者在本实验中的洗脱顺序不同。

实验 8　纸上电泳分离氨基酸

氨基酸是分子中同时含有氨基和羧基的化合物。如果氨基连接在羧基的 α 位上，则对应的氨基酸就是 α-氨基酸。20 种特定结构的氨基酸组成了所有的生命体蛋白质。除了这 20 种氨基酸外，在各种生命组织和细胞中还发现存在其他结构的 100 余种氨基酸。

电泳是一种有效的对混合氨基酸进行分离的手段。根据所加电压的高低，电泳可以分为低压、中压和高压三种。0～75 V 为低压，75～600 V 为中压，600～5000 V 以上为高压，电流通常都不高于 100 mA。一般都是恒定电压，电流随电压等其他条件不断变化。根据电泳过程是否在载体上进行，可将电泳分为自由界面电泳和区带电泳两种，自由界面电泳除溶液(多为缓冲溶液)外，无其他支持体；区带电泳是在载体，如滤纸、凝胶等上进行的。本实验在滤纸上进行，称为纸上电泳。

方法 A

一、实验目的

了解电泳实验技术分离氨基酸混合物的原理；掌握纸上电泳实验的操作方法。

二、实验原理

电泳是指在外加电场的作用下，溶液中的离子和带电荷大分子的移动，其移动的速率与分子的大小、形状、所带电荷、电流强度及介质的电阻等因素有关。

氨基酸的电离形式受溶液 pH 的影响。当某种氨基酸在一定 pH 溶液中以偶极离子形式存在时，氨基酸分子表观上不带电荷，呈电中性，此时溶液的 pH 就是该氨基酸的等电点，以 pI 表示。如果环境 pH 小于某种氨基酸的等电点，氨基酸会带正电荷，在电场中向负极移动；如果环境 pH 大于该氨基酸的等电点，则氨基酸会带负电荷，相应地在电场中向正极移动。如果氨基酸在缓冲溶液中所带的正电性或负电性越强，则氨基酸的电泳速率就越快，反之则越慢。所以，在一定 pH 范围的缓冲溶液中，以一定电场强度进行电泳，可以使不同离子形式的混合氨基酸得以分离。

三、实验仪器及药品

仪器：电泳仪，毛细管，电吹风机，滤纸，直尺，铅笔，剪刀，竹片夹。

药品：邻苯二甲酸氢钾、氢氧化钠、蒸馏水、异丙醇、茚三酮、天门冬氨酸、赖氨酸、精密 pH 试纸(5～7)。

四、实验步骤

1. 缓冲溶液配制

称取 5.10 g 邻苯二甲酸氢钾、0.86 g 氢氧化钠，溶于蒸馏水配成缓冲溶液。以精密 pH 试纸测定 pH 约为 5.9。向缓冲溶液中加入 2.5 g 茚三酮，搅拌 20 min 使之完全溶解，备用。

2. 氨基酸溶液配制

配制 1.2 mg/mL 浓度的两种氨基酸溶液，溶剂为 10%(*V*/*V*)的异丙醇水溶液。另配制两种氨基酸的混合溶液,浓度均为 1.2 mg/mL。

3. 点样

将滤纸裁剪成 5 cm×15 cm 的长条,用铅笔(禁止使用其他类型的笔)在纸条中轻轻画一条直线,然后按等距离在铅笔线上做三个记号,标记为 A、B 和 C。A、C 为两种氨基酸的标样点,B 为混合氨基酸点。将滤纸条一端标记"+",并在电泳时将此端与电泳槽正极相连。

用毛细管吸取一定量的氨基酸溶液,轻轻点于点样处。注意每次点样后迅速以电吹风冷风挡吹干,控制点样斑点直径不超过 2 mm。重复点样 3~5 次,保证同一样品每次点样位置完全重合[1]。

4. 电泳展开

在电泳槽两侧加入上述缓冲溶液,然后将滤纸条两端插入缓冲溶液中,盖好盖板。待滤纸完全浸润后[2],接通电泳仪电源,调整电压至 300 V,通电 15~30 min。

5. 显色

电泳结束后,关掉电源,以竹片夹夹出滤纸。固定在干净台面上,以电吹风热风挡吹干滤纸,即可看到氨基酸的紫红色或蓝紫色斑点。记录斑点的位置。

五、注意事项

[1] 点样时应迅速,防止在滤纸上过度扩散。

[2] 可以用镊子夹住滤纸条,小心地把两端分别用缓冲溶液浸没润湿,但注意不要使样品点浸入缓冲溶液中。

六、思考题

(1) 能否直接用手触摸滤纸表面?能否对着滤纸条吹气或讲话?为什么?

(2) 使用电泳仪时应注意哪些安全措施?

方法 B

一、实验目的

同方法 A。

二、实验原理

同方法 A。

三、实验仪器及药品

仪器:电泳仪,毛细管,电吹风机,剪刀,竹片夹。

药品:吡啶,乙酸,0.5% 茚三酮/丙酮溶液,天门冬氨酸,丝氨酸,赖氨酸,乙醇。

四、实验步骤

1. 缓冲液配制

将吡啶、乙酸和水以 9∶1∶90 的本积比配成约 1 L 的缓冲溶液，其 pH 为 5.8，备用。

2. 氨基酸溶液配制

取天门冬氨酸、丝氨酸和赖氨酸各 10 mg，混合后溶于 30% 乙醇配制 0.2% 浓度的氨基酸混合溶液。另取天门冬氨酸和赖氨酸各 10 mg，分别溶于 30% 乙醇配制成 0.2% 浓度的氨基酸标准溶液。

3. 点样

将滤纸裁剪成 5 cm × 15 cm 的长条，用铅笔(禁止使用其他类型的笔)在纸条中轻轻画一条直线，然后按等距离在铅笔线上做三个记号，标记为 A、B 和 C。A、C 为两种氨基酸的标样点，B 为混合氨基酸点。将滤纸条一端标记“+”，并在电泳时将此端与电泳槽正极相连(图 4-9)。

用毛细管吸取一定量的氨基酸溶液，轻轻点于点样处。注意每次点样后迅速以电吹风冷风挡吹干，控制点样斑点直径不超过 2 mm。重复点样 3～5 次，保证同一样品每次点样位置完全重合[1]。

4. 电泳展开

在电泳槽两侧加入上述缓冲溶液，然后将滤纸条两端插入缓冲溶液中，盖好盖板。待滤纸完全浸润后[2]，接通电泳仪电源，调整电压至 250 V，通电 1 h。

5. 显色

电泳结束后，关掉电源，以竹片夹夹出滤纸。固定在干净台面上，以电吹风热风挡吹干滤纸[3]，在滤纸条上均匀喷洒茚三酮溶液后，继续以热风挡吹滤纸条，即可看到氨基酸的紫红色或蓝紫色斑点。记录斑点的位置，思考各斑点移动方向的原因。

五、注意事项

[1] 点样时应迅速，防止在滤纸上过度扩散。

[2] 可以用镊子夹住滤纸条，小心地把两端分别用缓冲溶液浸没润湿，但注意不要使样品点浸入缓冲溶液中。

[3] 用电吹风吹干滤纸条时注意不要把滤纸条吹断。

实验 9　有机化合物官能团性质实验

有机化合物主要是指含碳的化合物。由于碳原子可能存在四个价键，且可以单键、双键、叁键等形式和另外的碳原子或杂原子成键，所以有机化合物的种类非常丰富。目前美国化学文摘(CA)登录的化学物质已经超过 7000 万种，其中绝大多数是有机化合物。面对如此庞大数量的有机化合物，一种有效的分类方式就是按照其特征官能团进行区分。因此，官能团的性质决定了有机化合物的性质。

一、实验目的

验证并掌握有机化合物官能团的主要化学性质；加深理解有机化合物的性质与结构的关系；熟悉有机化合物的定性分析方法。

二、实验原理

有机化合物的官能团是分子显示其化学活性的重要部分，一般比较活泼，在一定条件下能够发生化学反应。通过不同官能团所特有的化学反应现象能够鉴定某种官能团是否存在。有机化合物中官能团的化学反应很多，但应用到有机分析中的反应应该具备以下条件：①反应迅速；②反应现象明显，如颜色变化、沉淀、溶解、气泡等；③灵敏度高；④专一性强，试剂与官能团的专一性反应。本实验就是基于以上条件而选择的。

三、实验仪器及药品

仪器：100 mL 烧杯若干，试管若干，试管架，试管夹，酒精灯。

药品：0.5% 高锰酸钾溶液，松节油，5% 和 10% 氢氧化钠溶液，3% 溴的四氯化碳溶液，5% 的三氯化铁溶液，5% 和 10%的盐酸，浓盐酸，苯，20% 的氯苯/乙醇溶液，20% 的 1,2-二氯乙烷/乙醇溶液，饱和溴水，5% 苯酚，5% 邻苯二酚，5% β-萘酚，10% 硫酸，浓硫酸，浓硝酸，10% 硝酸，甘油，甲苯，20% 的 3-氯丙烯/乙醇溶液，5% 乙醇溶液，伯丁醇，仲丁醇，叔丁醇，苯甲醛，甲醛，碘液，饱和硝酸银乙醇溶液，重铬酸钾浓硫酸溶液，1% 和 5% 硫酸铜溶液，乙醛，丙醛，异丙醇，乙酰乙酸乙酯，苯胺，费林试剂甲，费林试剂乙，5% 硝酸银，2,4-二硝基苯肼，浓氨水，10% 乙酸，10% 甲酸，尿素，10% 草酸，0.2% 亚硝酸钠，甲胺溶液，对氨基苯磺酸，乙酰胺，酚酞试剂，红色石蕊试纸。

四、实验步骤[1]

1. 烯烃的性质

取一支试管，加入 2 滴 3% 溴的四氯化碳溶液，再加入数滴松节油[2]，振荡，观察颜色变化。

另取一支试管，加入 1 mL 0.5% 高锰酸钾溶液，边振荡边加入数滴松节油，观察现象。

2. 芳香烃的性质

取两支干燥小试管，各加入数滴 0.5% 高锰酸钾溶液和 10% 硫酸溶液，再分别加入 3 滴苯或 3 滴甲苯，摇匀。热水浴中加热，观察现象。

3. 卤代烃的性质

取三支干燥试管，分别编号，并分别加入 2 滴 20% 的氯苯/乙醇溶液、2 滴 20% 的 1,2-二氯乙烷/乙醇溶液和 2 滴 20% 的 3-氯丙烯/乙醇溶液。然后各加入 3 滴饱和硝酸银乙醇溶液，充分摇匀，观察现象。将没有沉淀生成的试管在热水浴中加热数分钟，观察现象。

4. 醇、酚的性质

取三支试管，编号，分别加入3滴正丁醇、仲丁醇和叔丁醇。然后各加入3滴新配的重铬酸钾浓硫酸溶液，摇匀。水浴中微热，观察颜色变化。

另取两支试管，编号，分别加入5滴5%硫酸铜溶液和10%氢氧化钠溶液，摇匀。然后分别加入10滴乙醇和10滴甘油，摇匀，观察现象。

取三支试管，编号，分别加入2滴5%苯酚溶液、5%邻苯二酚溶液和5% β-萘酚的乙醇溶液，然后分别滴加2滴5%三氯化铁溶液，观察颜色变化。

取一支试管，加入5%苯酚溶液，然后逐滴加入饱和溴水，振荡，观察现象。

5. 醛、酮的性质

取四支试管，编号。各滴加5滴2,4-二硝基苯肼，然后分别滴加2滴甲醛、乙醛、丙酮和苯甲醛溶液，振荡，观察现象。

取四支试管，编号。各滴加5滴费林试剂甲和费林试剂乙，摇匀，然后分别滴加8滴甲醛、乙醛、丙酮和苯甲醛溶液，沸水浴中加热，观察现象。

取五支试管，编号。分别滴加10滴乙醇、甲醛、乙醛、丙酮和异丙醇溶液，再各加入6滴碘液，振荡，逐滴加入5% NaOH溶液至棕色刚好褪去，观察是否有黄色沉淀。若无沉淀，水浴中微热后再观察现象。

6. 羧酸的性质

取三支试管，编号。各滴加2滴0.5%高锰酸钾溶液和5滴蒸馏水，分别加入10%甲酸、10%乙酸和10%草酸，摇匀。沸水浴加热，观察现象。

取三支试管，编号。各滴加3滴乙酰乙酸乙酯溶液，再分别加入10滴2,4-二硝基苯肼、2滴饱和溴水和1滴5%三氯化铁溶液，并往第三支试管中补加10滴蒸馏水。振荡，观察现象。第三支试管中出现现象后，还可以边振荡边滴加溴水，观察现象。

7. 胺及酰胺的性质

取一支试管，加入3滴苯胺、10滴蒸馏水，振荡，观察苯胺是否溶解。逐滴加入浓盐酸并振摇，再观察是否溶解。

取一支试管，加入3滴对氨基苯磺酸、3滴10%盐酸，摇匀，冰水浴中冷却。慢慢滴加3滴0.2%亚硝酸钠溶液，摇匀，得到重氮盐溶液。另取一支试管，加入0.2 g β-萘酚，加入10% NaOH溶液使之溶解，摇匀。逐滴将此溶液加入到第一支试管中，观察现象。

取一支试管，加入约0.1 g乙酰胺、10滴10% NaOH溶液，振荡，将湿润的红色石蕊试纸贴在试管口。将试管置于酒精灯上直接加热至沸，观察试纸颜色变化。

五、注意事项

[1] 实验中注意不要使试剂沾到手上。

[2] 松节油是多类萜烯化合物的混合物，既可用于溶剂，也可用于医药。

六、思考题

(1) 乙酰乙酸乙酯为什么能发生上述现象?

(2) 哪些结构可以发生碘仿反应? 本实验中发生碘仿反应的物质,其结构有哪些特点?

实验 10　糖及蛋白质性质实验

糖是地球上存在最为广泛的有机化合物,也是非常重要的生命组成结构。糖类主要由绿色植物的光合作用得到。糖类既可以是葡萄糖之类的小分子,也可以是淀粉类多糖高分子聚合物。蛋白质则是生命的物质基础,是几乎所有已知生命的必需组成部分。作为一类高分子物质,蛋白质是由许多个氨基酸分子缩合而成的。关于糖和蛋白质的研究对研究生命体内的物质转化和生命过程有着非常重要的意义。

一、实验目的

验证并掌握糖类和蛋白质的性质;掌握不同糖类之间性质的差异;了解氨基酸和蛋白质性质上的差异。

二、实验原理

糖是一种多羟基醛或酮。在水溶液中,糖类可以开链和环状两种形式存在,且两种存在形式可以相互转化。因此,糖类既具备羟基、醛、酮的性质,也具备一些特殊的性质。单糖在碱性环境中可以发生烯醇式互化,从而实现酮糖和醛糖之间的转化,表现出还原性。另一方面,糖在浓酸作用下可以脱水生成糠醛,进而和某些酚类化合物发生显色反应,实现糖类的定性定量测定。一般认为多糖没有还原性,但是在一定条件下发生水解反应得到单糖后,就可以表现出还原性。

蛋白质是由 α-氨基酸通过肽键缩合而形成的聚合物。蛋白质多肽链之间可以各种形式的作用力形成更复杂的空间结构,实现各种生理功能。蛋白质分子中的游离氨基、羧基使蛋白质具有两性的特点;多个肽键的存在也使得蛋白质可以发生双缩脲反应。另一方面,在某些物理或化学因素作用下,蛋白质的结构会发生改变。这种改变可能是可逆的,如盐析;也可能是不可逆的,如加热、重金属络合等。

三、实验仪器及药品

仪器:100 mL 烧杯若干,试管若干,试管架,试管夹,酒精灯。

药品:2% 蔗糖溶液,浓盐酸,40% 氢氧化钠溶液,2% 葡萄糖,2% 果糖,1% 淀粉,1% α-萘酚,浓硫酸,间苯二酚/浓盐酸溶液,2% 麦芽糖,费林试剂(甲、乙),1% 碘溶液,蛋白质溶液,1% 甘氨酸,5% NaOH,1%、2% 硫酸铜溶液,0.1% 茚三酮,0.1% NaOH,1% 乙酸,10% 碘化汞钾,硫酸铵。

四、实验步骤[1]

1. 糖的性质

取四支试管,分别滴加 5 滴 2% 葡萄糖、果糖、蔗糖及 1% 淀粉溶液。各加入 2 滴 1%

α-萘酚溶液，摇匀后，沿试管壁小心注入浓硫酸至完全覆盖试管底部。静置[2]，观察两液层之间界面处的现象。

另取两支试管，分别加入5滴2% 葡萄糖、果糖溶液，各加入2滴间苯二酚/浓盐酸溶液。沸水浴加热，观察变化。

另取四支试管，分别加入5滴2% 葡萄糖、果糖、麦芽糖和蔗糖溶液，然后各加入5滴费林试剂甲和费林试剂乙。摇匀，沸水浴加热，观察现象。

另取一支试管，加入10滴2% 蔗糖溶液和2滴浓盐酸，摇匀，沸水浴加热10 min。用40% NaOH中和至明显碱性。然后加入5滴费林试剂甲和费林试剂乙。摇匀，沸水浴加热，观察现象。

另取一支试管，加入5滴1% 淀粉溶液、1滴1% 碘液，振摇，观察现象。将溶液稀释20倍，留取约0.5 mL溶液，小心地用酒精灯火焰将其加热至沸腾[3]，观察现象。停止加热，冷水浴冷却，观察现象。

2. 蛋白质的性质

取两支试管，分别加入3滴蛋白质溶液和1% 甘氨酸溶液，再各滴加1滴0.1% 茚三酮溶液，水浴加热，观察现象。

另取一支试管，加入1滴酚酞指示剂、1滴0.1% NaOH溶液和10滴蒸馏水，然后加入1% 甘氨酸，摇匀，观察现象。

另取一支试管，加入8滴蛋白质溶液，边振荡边加入固体硫酸铵，待其达到一定浓度时，观察现象。然后再加入大量水，观察现象。

另取一支试管，加入3滴浓盐酸，然后沿试管壁小心加入5滴蛋白质溶液，观察两液层之间界面处发生的现象。

另取两支试管，分别加入5滴蛋白质溶液，其中一支加入2滴1% 硫酸铜溶液，另一支加入1滴1% 乙酸溶液和2滴10% 碘化汞钾溶液，振荡，观察现象。

五、注意事项

[1] 实验中注意不要使试剂沾到手上。

[2] 注意此处不能振荡，避免摇晃试管，尽量静置。

[3] 加热试管时，管口避免正对其他人，否则热的试液易喷出造成烫伤。

六、思考题

(1) 为什么有些二糖表现出还原性，有些不表现？

(2) 蛋白质变性和盐析的区别是什么？

(3) 淀粉为什么遇碘会变色？加热后为什么会发生变化？

实验11 立体分子模型的设计与制作

立体化学是有机化学的重要内容之一，随着手性药物的飞速发展，立体化学显得越来越重要。立体异构一般主要分为构象异构和构型异构。

化学结构相同、分子构型不同的分子称为构型异构。化学结构和分子构型都相同的分子，由于各原子间单键的旋转，在空间形成了不同的构象。这些异构体可相互转化，并在一定温度下达到动态平衡但难以分离开来，称为构象异构。分子构象多用纽曼（Newman）投影式或锯架式表示。

构型异构包括顺反异构和旋光异构。能使偏振光的振动平面以一定方向旋转一定角度的性质称为旋光性（或光学活性、手性），两个或多个化学结构相同的分子由于构型上的差异表现出不同旋光性能的现象称为旋光异构。具有旋光性的物质称为旋光性物质，其分子结构中没有任何对称因素（对称中心、对称轴或对称面）。当碳原子上连有四个完全不同的原子或基团时称为手性碳，标记方法有两种：相对构型表示法（D/L）和绝对构型表示法（R/S）。大部分旋光性化合物含一个或多个手性碳原子，但也有些旋光性物质不含手性碳原子。通常用费歇尔（Fischer）投影式表示分子旋光异构构型及变化。

一、实验目的

通过本实验进一步深入了解立体化学内容；通过安装分子模型掌握纽曼投影式和费歇尔投影式的投影方法；学会用费歇尔投影式判断对映体、非对映体和相同物等关系。

二、实验原理

费歇尔投影式是通过二维平面图形表示有机分子的三维立体结构，它的原则是“横前竖后”，即横键连接原子或原子团在纸面前方，竖键连接原子或原子团在纸面后方，横竖键交叉的位置是手性碳原子。纽曼投影式是分子构象表示式，从C—C键的键轴上看过去，圆形表示两个碳原子重叠，在圆心交叉的三根键表示与前方碳原子的原子或原子团连接，圆环上的三根键表示与后面碳原子的原子或原子团连接。

R/S标记法：连接四个完全不同原子或基团的碳原子称为手性碳原子，先将与手性碳原子相连的四个原子或原子团按顺序规则排序，把最小的一个原子或原子团放在离观察者眼睛最远的地方，则其他三个原子或原子团就处在离观察者眼睛最近的平面上，这三个基团由大到小按顺时针方向排列即为R构型，若按逆时针方向排列，则为S构型。

三、实验仪器及药品

球棍分子模型。

四、实验步骤

(1) 安装乙烷及其衍生物的分子构象模型。

(i) 安装乙烷的分子模型，通过旋转C—C σ键画出其纽曼投影式的优势构象。

(ii) 安装1,2-二溴乙烷的分子模型，通过旋转C—C σ键分别画出其纽曼投影式的全重叠式、邻位交叉式、部分重叠式和对位交叉式四种典型构象式。

(2) 安装环己烷及其衍生物的椅式构象。

(i) 安装环己烷的椅式构象，通过模型实现由椅式→船式→另一种椅式的转化，并画出这三种构象式。

(ii) 安装反-1,2-二氯环己烷的优势构象模型。

(iii) 安装顺-1,3-二氯环己烷的优势构象模型。

(3) 安装2-丁醇互为对映体的分子模型，并画出其透视式。

（4）安装下面两个模型，根据模型画出 A 和 B 的费歇尔投影式，并以 *R*/*S* 命名，指出 A 和 B 的关系。

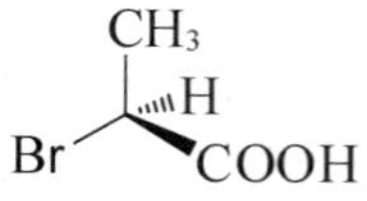
A

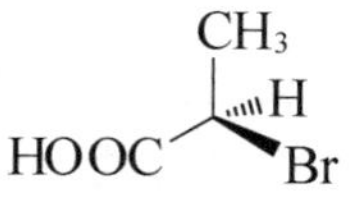
B

（5）安装下列乳酸的分子模型，并判断 A 和 B、A 和 C、A 和 D、A 和 E、A 和 F 分别是什么关系。

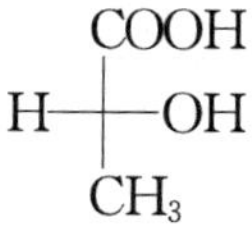
A

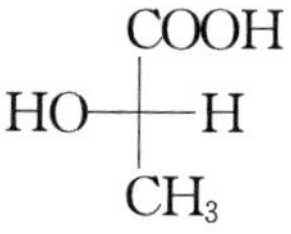
B

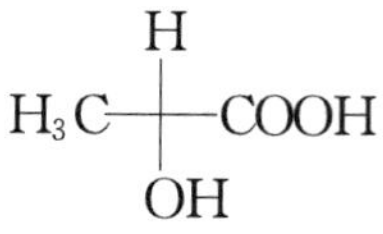
C

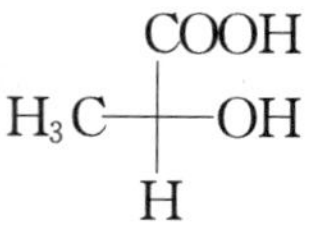
D

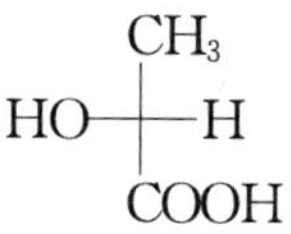
E

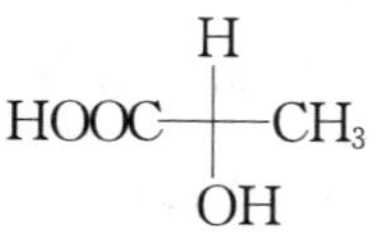
F

（6）安装下式的模型：

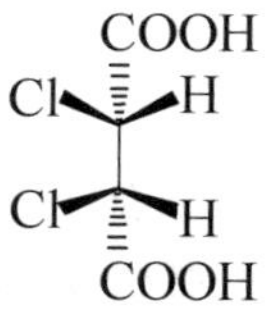

（i）该化合物是否存在对称因素？如果存在，请说明对称因素的名称。

（ii）该化合物是否有旋光性？

（iii）根据模型写出其费歇尔投影式。

（iv）用 *R*/*S* 命名法命名该化合物。

（7）根据下列纽曼投影式制作模型，画出其费歇尔投影式，并用 *R*/*S* 标记法命名。

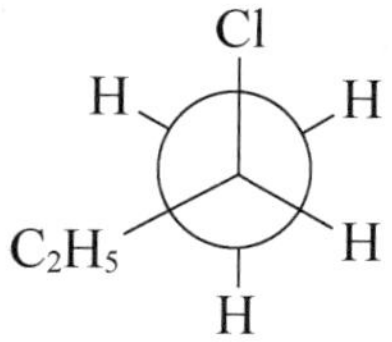

（8）安装下列 A、B、C 三个分子模型，画出 A 和 B 的费歇尔投影式，分别指出 A 和 B、A 和 C 的关系，并用 *R*/*S* 标记法命名三个分子。

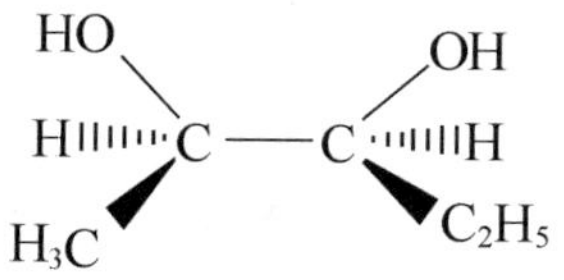
A

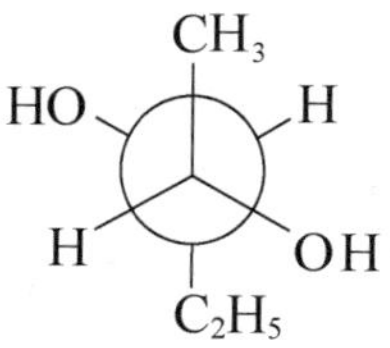
B

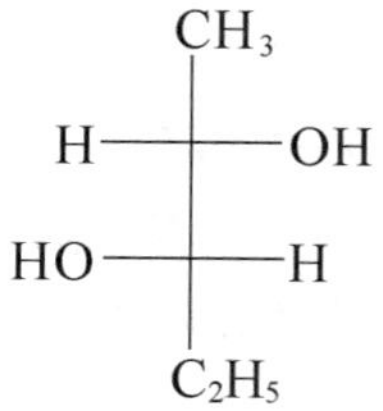
C

五、思考题

费歇尔投影式进行下列变化，所表示的化合物构型会变化吗？

(1) 离开纸面翻转180°。

(2) 纸面上旋转90°。

(3) 纸面上旋转180°。

(4) 交换一对基团。

实验12 乙酰苯胺的合成

乙酰苯胺是一种白色有光泽的片状结晶或鳞片状的固体化学品，乙酰苯胺可用作制青霉素G的培养基，也可以用作橡胶加速器合成作用的中介物以及用于染料及染料中间体的合成。乙酰苯胺具有退热镇痛作用，是较早使用的解热镇痛药，因此俗称退热冰。乙酰苯胺也是磺胺类药物合成中重要的中间体。

由于芳香环上的氨基易氧化，在有机合成中为了保护氨基，往往先将其乙酰化转化为乙酰苯胺，然后再进行其他反应，最后水解除去乙酰基。

一、实验目的

掌握苯胺乙酰化的原理和方法；熟悉用重结晶提纯固体有机化合物的方法。

二、实验原理

乙酰苯胺可由苯胺与乙酰化试剂（如乙酰氯、乙酸酐或乙酸等）直接作用来制备。反应活性顺序是乙酰氯 > 乙酸酐 > 乙酸。酸酐一般来说是比酰氯更好的酰化试剂。用乙酸酐与苯胺反应得到的产物纯度高，但酸酐与活性较差的胺不发生反应。酰氯与苯胺反应较快，但反应过程中释放出HCl，使一半的原料苯胺转变成其盐酸盐而丧失反应能力。冰醋酸试剂易得，价格便宜，但反应时间相对较长。实验室通常可用乙酸或乙酸酐与苯胺反应得到乙酰苯胺。

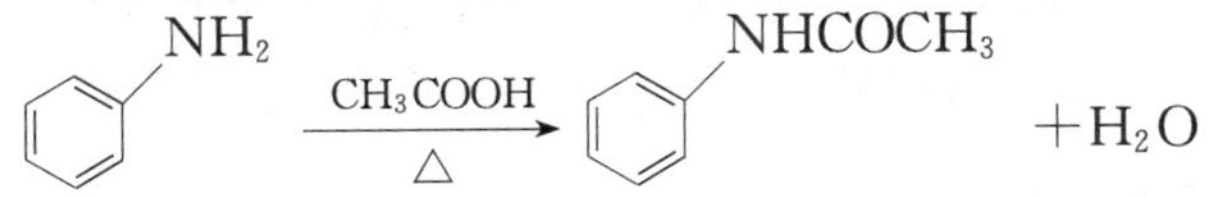

或

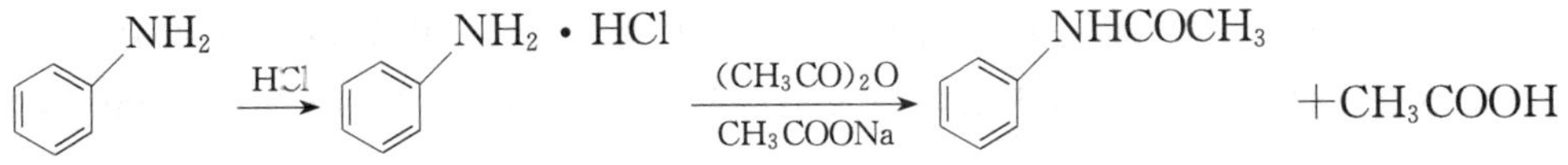

三、实验仪器及药品

仪器：电子天平，圆底烧瓶，刺形分馏柱，空气冷凝管，温度计，酒精灯，锥形瓶，抽滤瓶，布氏漏斗，铁架台，冷凝管，尾接管，真空泵。

药品：苯胺（新蒸），冰醋酸，锌粉，乙酸酐，结晶乙酸钠（$CH_3COONa \cdot 3H_2O$），浓盐酸，沸石。

四、实验步骤

方法 1. 用冰醋酸为酰化试剂

1. 采用分馏移除以提高产率的方法

(1) 在 25 mL 单口圆底烧瓶中加入 2.04 g(2.0 mL,0.022 mol)新蒸的苯胺[1]、3.14 g(3.0 mL,0.052 mol)冰醋酸及 0.1 g 锌粉,装上一短的刺形分馏柱,其上端装一温度计,支管通过冷凝管和尾接管与接收瓶相连,接收瓶外部用冷水浴冷却。将圆底烧瓶隔石棉网用酒精灯小火加热,使反应物保持微沸约 15 min。

(2) 然后逐渐升高温度,当温度计读数达到 100 ℃左右时,支管口即有液体流出。维持温度为 100~110 ℃,反应约 1 h,生成的水及大部分乙酸已被蒸出,此时温度计读数开始下降,表示反应已经完成。

(3) 趁热将反应物倒入盛有 20 mL 冷水的烧杯中,边倒边搅拌,冷却后抽滤析出的固体,用冷水洗涤,得乙酰苯胺粗产品。

(4) 粗产品用约 15 mL 沸水溶解[2],稍冷,加入适量活性炭煮沸 5 min,趁热抽滤,滤液转入烧杯中放置自然冷却,析出大量白色固体,抽滤,滤饼用少量冷水洗涤。

(5) 将滤饼转入表面皿放入烘箱于 80 ℃烘至恒量,称量、计算产率。

纯乙酰苯胺为无色片状晶体,熔点为 113~114 ℃。

2. 采用微型空气冷凝管方法

(1) 在 15 mL 单口圆底烧瓶中加入 2.04 g(2.0 mL,0.022 mol)新蒸的苯胺[1]和 3.14 g(3.0 mL,0.052 mol)冰醋酸及 0.1 g 锌粉,装上一空气冷凝管,圆底烧瓶隔石棉网用酒精灯先小火加热约 5 min,然后大火加热继续反应约 40 min(回流液体在空气冷凝管 2/3 处为宜)。

(2) 趁热将反应物倒入盛有 20 mL 冷水的烧杯中,边倒边搅拌,冷却后抽滤析出的固体,用冷水洗涤,得乙酰苯胺粗产品。

(3) 粗产品用约 15 mL 水沸水溶解[2],稍冷,加入适量活性炭煮沸 5 min,趁热抽滤,滤液转入烧杯中放置自然冷却,析出大量白色固体,抽滤,滤饼用少量冷水洗涤。

(4) 将滤饼转入表面皿放入烘箱于 80 ℃烘至恒量,称量、计算产率。

方法 2. 用乙酸酐为酰化试剂

(1) 在 100 mL 烧杯中加入 12 mL 水和 1.0 mL 浓盐酸,在搅拌下加入 1.12 g(1.1 mL,0.012 mol)苯胺,待苯胺溶解后,再加入少量活性炭(约 0.2 g),将溶液煮沸 5 min,趁热滤去活性炭及其他不溶性杂质。

(2) 将滤液转移到 50 mL 单口圆底烧瓶中,并置于 50 ℃水浴中,磁力搅拌,加入 1.50 g(1.46 mL,0.015 mol)乙酸酐,待其溶解后,立即加入事先配制好的 1.8 g(0.013 mol)结晶乙酸钠溶于 4.0 mL 水的溶液,充分搅拌反应 20 min。

(3) 然后将反应混合物倒入盛有 20 mL 冷水的烧杯中,边倒边搅拌,使其析出结晶。

(4) 减压过滤,滤饼用少量冷水洗涤,70~80 ℃干燥后称量。

若产品有颜色,可按方法 1 用水进行重结晶。

五、注意事项

[1] 久置的苯胺颜色深含有杂质,会影响生成的乙酰苯胺的质量,因此最好用新蒸的苯胺。

[2] 水量可根据个人粗品产量酌情增减,若有不溶物,可趁热抽滤。

六、思考题

(1) 实验方法1中,反应为什么要控制蒸馏头支管口温度在105 ℃?

(2) 实验方法2中,用乙酸酐进行乙酰化时,加入盐酸和乙酸钠的目的是什么?

实验13 乙酸异戊酯的合成

乙酸异戊酯又名香蕉水,为无色中性液体,有香蕉香味。主要用作溶剂,能溶解油漆、硝化纤维素、松脂、树脂、蓖麻油、氯丁橡胶等。是国内外允许使用的食用香料,可用于配制香蕉、梨、苹果、草莓、葡萄、菠萝等多种香型食品香精,也用于配制香皂、洗涤剂等所用的日化香精及烟用香精,还用于香料和青霉素的提取、织物染色处理等,在国内外具有广阔的市场需求。其蒸气对眼及上呼吸道黏膜有刺激、麻醉作用,接触后出现咳嗽、胸闷疲乏,可引起皮肤干燥、皮炎、湿疹,属低毒类物质,急性毒性 LD_{50} 16600 mg/kg(大鼠经口)。

一、实验目的

了解乙酸异戊酯的制备原理和实验室制备方法;掌握蒸馏分离液态有机化合物的操作技术。

二、实验原理

$$CH_3COOH + (CH_3)_2CHCH_2CH_2OH \xrightarrow{H^+} CH_3COOCH_2CH_2CH(CH_3)_2$$

三、实验仪器及药品

仪器:圆底烧瓶,球形冷凝管,酒精灯,锥形瓶,蒸馏头,铁架台,直形冷凝管,尾接管,石棉网。

药品:异戊醇,冰醋酸,浓硫酸,沸石。

四、实验步骤

(1) 将2.7 mL(0.025 mol,2.2 g)异戊醇和3.2 mL(0.055 mol,3.4 g)冰醋酸加入25 mL圆底烧瓶中,摇动下缓慢加入4~6滴浓硫酸[1],混合均匀后加入2粒沸石,装上回流冷凝管,隔石棉网用酒精灯小火加热回流50 min(附图1-1)。

(2) 将反应物冷却至室温,小心转入分液漏斗中,用6 mL水洗涤圆底烧瓶,并将其合并到分液漏斗中,振摇后分出下层水相,有机相分别用4 mL 5%碳酸氢钠溶液洗涤两次[2],静置分层,除去下层水相。再用饱和氯化钠溶液洗涤一次。

(3) 酯层转入锥形瓶,用0.5 g无水硫酸镁干燥后转入5 mL圆底烧瓶蒸馏(附图1-2),收集138~143 ℃的馏分。

纯品沸点为142.5 ℃。

五、注意事项

[1] 加浓硫酸时注意与有机化合物混合均匀，否则加热时有机化合物会炭化变黑。

[2] 粗产物碱洗时有大量二氧化碳气体产生，开始时不要塞住漏斗口，至振摇无明显气泡产生时再塞住瓶口振摇，并及时放气。

六、思考题

(1) 本实验是如何实现平衡向产物方向进行的？

(2) 粗产物用饱和氯化钠溶液洗涤的目的是什么？

实验 14　丙酸正丁酯的合成

丙酸正丁酯是一种重要的、用途广泛的有机化工产品，常温下是一种具有苹果香味的无色液体。可用作天然和合成树脂、油漆，也可用于配制食用香精。大鼠经口 LD_{50} 5000 mg/kg。

丙酸正丁酯在化学工业上的合成是以浓硫酸催化丙酸和正丁醇为原料直接酯化而得。浓硫酸作催化剂虽然活性高，但由于浓硫酸同时具备酯化、脱水作用，易使反应产生醚和烯烃等副产物，导致产率下降；同时，由于浓硫酸较强的酸性，易对设备造成严重腐蚀；生产过程中产生的大量废酸，也会给环境造成极大的污染。因此，研究对设备腐蚀小、对环境安全的绿色催化剂成为该类反应一个研究的热点。

一、实验目的

了解丙酸正丁酯的制备原理和实验室制备方法；掌握蒸馏分离液态有机化合物的操作技术。

二、实验原理

本实验以硫酸氢钠为催化剂，丙酸和正丁醇酯化合成丙酸正丁酯。

$$CH_3CH_2COOH + CH_3CH_2CH_2CH_2OH \xrightarrow{NaHSO_4} CH_3CH_2COOCH_2CH_2CH_2CH_3$$

三、实验仪器及药品

仪器：圆底烧瓶，球形冷凝管，酒精灯，锥形瓶，分水器，蒸馏头，铁架台，直形冷凝管，尾接管，石棉网。

药品：丙酸，正丁醇，硫酸氢钠(含 1 个结晶水)，无水硫酸镁，沸石。

四、实验步骤

(1) 在 25 mL 三口圆底烧瓶中加入 5 mL(0.025 mol)丙酸和 8.7 mL(0.035 mol)正丁醇，再加入 0.2 g 催化剂硫酸氢钠和 3 粒沸石，装上温度计、分水器和回流冷凝管，隔石棉网用酒精灯小火加热至 140 ℃，回流至分水器中的水层不再增加时停止加热，冷却后抽滤，回收催化剂[1]。

(2) 将分水器中的有机相与抽滤得到的反应液混合倒入分液漏斗中静置分层，分出下层的水相。有机相用水洗、10%的碳酸氢钠溶液洗、再水洗，用无水硫酸镁干燥[2]。

(3) 蒸馏，收集 144～145 ℃的馏分，即为产品丙酸正丁酯。

五、注意事项

[1] 该步反应约 2 h,反应后的催化剂过滤仍可重复使用一两次。

[2] 少量多次添加并振荡,干燥剂不黏附在锥形瓶内壁、不结块,液体从浑浊变澄清视为干燥剂已足量,静置干燥 20 min 左右。

六、思考题

(1) 本实验有哪些副反应?如何减少副反应?

(2) 加入的干燥剂无水硫酸镁的量是不是越多越好?

实验 15 乙酰水杨酸的制备

乙酰水杨酸即阿司匹林,诞生于 1899 年,是应用最早、最广和最普通的解热镇痛药,还具有抗炎、抗风湿和抗血小板聚集等多方面的药理作用,至今仍广泛使用。临床上用于预防心脑血管疾病的发作。乙酰水杨酸通过血管扩张短期内可以起到缓解头痛的效果,该药对钝痛的作用优于对锐痛的作用,故该药可缓解轻度或中度的钝疼痛,如头痛、牙痛、神经痛、肌肉痛及月经痛,也用于感冒、流感等退热。乙酰水杨酸为治疗风湿热的首选药物,用药后可解热、减轻炎症,使关节症状好转,血沉下降,但不能祛除风湿的基本病理改变。

一、实验目的

学习利用酚类的酰化反应制备乙酰水杨酸的原理和制备方法;掌握重结晶实验操作。

二、实验原理

乙酰水杨酸由水杨酸(邻羟基苯甲酸)与乙酸酐进行酯化反应得到。

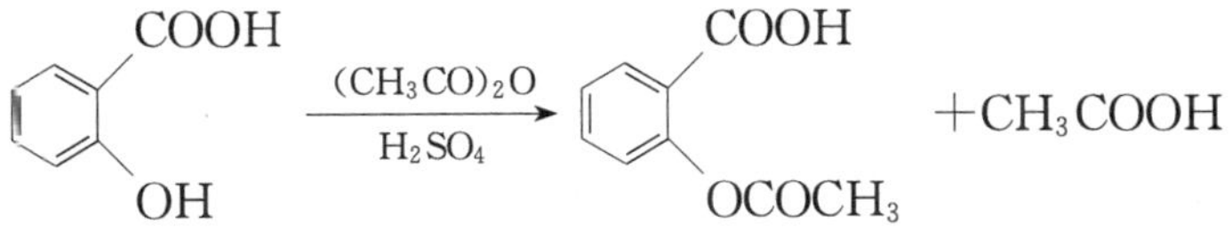

三、实验仪器及药品

仪器:圆底烧瓶,水浴锅,抽滤瓶,循环水真空泵,锥形瓶,玻璃棒,烧瓶,量筒,集热式恒温磁力搅拌器,温度计。

药品:水杨酸,乙酸酐,浓硫酸,饱和碳酸钠溶液,浓盐酸。

四、实验步骤

(1) 在 25 mL 的圆底烧瓶中分别加入 2 g(0.0125 mol)水杨酸、5 mL(5.44 g,0.050 mol)乙酸酐和 5 滴浓硫酸。置于集热式磁力搅拌器上搅拌使水杨酸全部溶解后,控制水浴温度在 85～90 ℃加热 5～10 min[1]。

(2) 停止加热取出圆底烧瓶,边摇边滴加 1 mL 冷水,然后快速将其倒入盛有 50 mL 冷水的烧杯中,立即用冰水浴冷却。若无晶体或出现油状物,可用玻璃棒摩擦烧杯内壁[2]。待晶体完全析出后抽滤,用少量冰水洗涤晶体,抽干。

(3) 将粗产品转入 150 mL 烧杯中，在搅拌下慢慢加入 25 mL 饱和碳酸钠溶液，加完后继续搅拌，直到无二氧化碳气体产生为止。

(4) 抽滤，滤出副产物聚合物，用 10 mL 水淋洗，合并滤液，倒入预先盛有 4～5 mL 浓盐酸和 10 mL 水配成溶液的烧杯中，搅拌均匀，即有乙酰水杨酸沉淀析出。用冰水冷却，使沉淀完全。减压过滤，用冷水洗涤两次。将晶体置于表面皿上晾干，得乙酰水杨酸产品。称量、计算产率。

五、注意事项

[1] 由于分子内氢键的作用，水杨酸与乙酸酐直接反应需在 150～160 ℃下才能反应生成乙酰水杨酸，加酸的目的主要是破坏氢键，使反应在较低的温度(90 ℃)下就可以进行，从而大大减少副产物的生成，因此实验中必须控制好温度。

[2] 需在冰水浴中进行。

六、思考题

(1) 本实验为什么不能在回流下长时间反应？

(2) 反应后加水的目的是什么？

(3) 第一步结晶的粗产品中可能含有哪些杂质？

实验 16　肉桂酸的合成

肉桂酸是一种有微弱桂皮香气的白色至淡黄色粉末，是生产冠心病药物心可安的重要中间体。肉桂酸本身是一种香料，具有很好的保香作用，其酯类衍生物是配制香精和食品香料的重要原料。肉桂酸具有杀菌、防腐作用，可广泛直接添加于食品中。肉桂酸本身具有很强的兴奋作用。肉桂酸还有抑制形成黑色酪氨酸酶的作用，能使褐斑变浅甚至消失，是高级防晒霜中必不可少的成分之一。

一、实验目的

了解肉桂酸的制备原理和方法。

二、实验原理

本实验利用珀金(Perkin)反应，将芳香醛和一种羧酸酐混合后，在相应羧酸盐存在下加热，发生羟醛缩合反应，再脱水生成目标产物肉桂酸。本实验用碳酸钾代替乙酸钠，可以缩短反应时间。

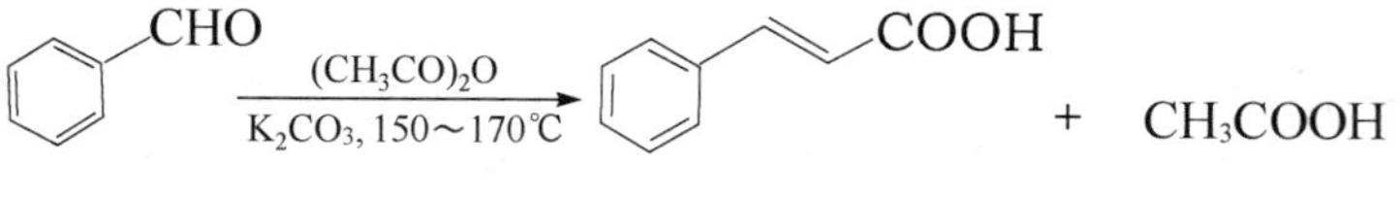

三、实验仪器及药品

仪器：电子天平，圆底烧瓶，球形冷凝管，抽滤装置，移液管，坩埚，坩埚钳，电炉。

药品：苯甲醛，乙酸酐，碳酸钾，10% 氢氧化钠溶液，1∶1(浓盐酸与水的体积比)盐酸，刚果红试纸。

四、实验步骤

(1) 用移液管分别量取 1.20 mL(1.28 g，0.012 mol)新蒸馏过的苯甲醛和 3.60 mL(3.92 g,0.040 mol)新蒸馏过的乙酸酐至 25 mL 圆底烧瓶中，并加入 1.6 g (0.016 mol)研碎的无水碳酸钾[1]，电炉加热到 150～170 ℃回流 40 min。

(2) 反应结束，冷却反应物，将反应物倒入装有 10 mL 水的烧杯中，用碳酸钠中和至溶液呈碱性，然后加入少量活性炭煮沸 10 min，趁热抽滤，滤液用浓盐酸酸化至刚果红试纸变蓝，冷却。

(3) 待晶体全部析出后抽滤，并以少量冷水洗涤沉淀，粗产品可用 30% 乙醇重结晶。肉桂酸熔点为 135～136 ℃[2]。

五、注意事项

[1] 将碳酸钾放入坩埚中用电炉加热熔融研碎即得。

[2] 肉桂酸有顺反异构体，但珀金反应制得的是其反式异构体，顺式异构体(熔点为 68 ℃)不稳定，在较高的反应温度下容易转变为热力学稳定的反式异构体。

六、思考题

(1) 若用苯甲醛与丙酸酐发生珀金反应，其产物是什么？

(2) 在实验中，如果原料苯甲醛中含有少量的苯甲酸，这对实验结果会产生什么影响？应采取什么样的措施？

实验 17　1-溴丁烷的制备

1-溴丁烷为无色有香味的液体，不溶于水，微溶于四氯化碳，溶于氯仿，混溶于乙醇、乙醚、丙酮等有机溶剂，化学性质较活泼，易发生亲核取代反应，如被羟基、氨基和氰基等取代生成相应的醇、胺和腈等。能在干燥无水乙醚中与镁屑反应生成格氏试剂。实验室中常采用结构上相对应的正丁醇与氢卤酸发生亲核取代反应来制备。常采用浓硫酸与溴化钠反应得到的氢溴酸作溴化剂，由于反应是可逆的，通过增加溴化钠的用量，同时加入过量的硫酸吸收反应中生成的水，使反应正向进行。但硫酸的存在容易使醇脱水生成烯烃、醚等副产物。

一、实验目的

学习由醇制备溴代烷的原理和方法；学习带有尾气吸收装置的加热回流操作方法。

二、实验原理

实验室制备饱和一元卤代烃最常用的方法为醇与氢卤酸的反应：

$$ROH + HX \rightleftharpoons RX + H_2O$$

用此方法制备正溴丁烷可用正丁醇与市售浓氢溴酸反应，也可用 NaBr 与浓硫酸反应：

$$NaBr + H_2SO_4 \longrightarrow HBr + NaHSO_4$$

$$n\text{-}C_4H_9OH + HBr \rightleftharpoons n\text{-}C_4H_9Br + H_2O$$

三、实验仪器及药品

仪器：电子天平，冷凝管，烧瓶，集热式恒温磁力搅拌器，磁子，抽滤瓶，锥形瓶，尾接管，分液漏斗。

药品：正丁醇，溴化钠(无水)，浓硫酸，10% 碳酸钠溶液，无水氯化钙。

四、实验步骤

(1) 在 25 mL 圆底烧瓶中加入 2 mL 水，放入一粒小磁子，置于集热式恒温磁力搅拌器上，搅拌下小心分批加入 2.8 mL 浓硫酸，混合均匀后冷却至室温。再依次加入 1.84 mL (0.020 mol)正丁醇和 2.6 g(0.026 mol)溴化钠，装上回流冷凝管，冷凝管上口接气体吸收装置，用 5%的氢氧化钠作吸收剂，加热回流 20 min。

(2) 待反应液冷却后，改为蒸馏装置，用酒精灯隔石棉网加热蒸出粗产物正溴丁烷。

(3) 将馏出液置于 25 mL 分液漏斗中，加入等体积的水洗涤。产物转入另一干燥的分液漏斗中，用等体积的浓硫酸洗涤[1]。尽量分去硫酸层，有机相依次用等体积的水、饱和碳酸氢钠溶液和水洗涤。

(4) 有机物转入干燥的锥形瓶中。用 0.5 g 无水氯化钙干燥，间歇摇动锥形瓶，直到液体清亮为止。

(5) 将干燥好的产物蒸馏，收集 99～103 ℃的馏分。

纯正溴丁烷的沸点为 101.6 ℃。

五、注意事项

[1] 浓硫酸能溶解粗产物中少量未反应的正丁醇及副产物正丁醚等杂质。因为正丁醇可与正溴丁烷形成共沸物(沸点为 98.6 ℃，含正丁醇 13%)，蒸馏时难以除去，因此用浓硫酸洗涤时必须充分振荡。

六、思考题

(1) 本实验中可能有哪些副反应？如何减少副反应？

(2) 试说明各洗涤步骤的作用(含有哪些杂质，如何除去)。

实验 18　环己烯的制备

烯烃是重要的有机化工原料，工业上主要通过石油裂解或醇在催化剂的作用下脱水得到。实验室中，常用醇脱水制得。大多数醇脱水时产生的烯烃是按照札依采夫规则进行的。由于反应是可逆的，为了提高转化率，需不断将反应生成的低沸点烯烃从反应体系中蒸馏出来。

环己烯为无色透明液体，在医药、农药中间体和高聚物合成中用途广泛，如可用作合成赖氨酸、环己酮、苯酚、聚环烯树脂、氯代环己烷、橡胶助剂、环己醇等的原料，另外还可用作催化剂溶剂和石油萃取剂、高辛烷值汽油稳定剂等。

一、实验目的

学习用酸催化醇脱水制取烯烃的原理和方法；学习微型蒸馏、微型分馏及微量液体干燥等操作。

二、实验原理

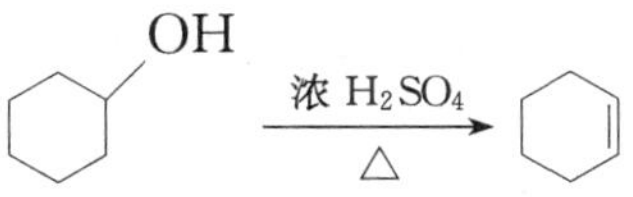

三、实验仪器及药品

仪器：圆底烧瓶(10 mL、50 mL)，分馏柱，直形冷凝管，25 mL 分液漏斗，10 mL 锥形瓶，蒸馏头，尾接管。

药品：环己醇，浓硫酸，氯化钠，无水氯化钙，5% 碳酸钠水溶液。

四、实验步骤

方法 1. 半微量合成

(1) 在 25 mL 圆底烧瓶中加入 10 mL 环己醇，边摇动边滴加 4 滴浓硫酸，使二者混合均匀，放入 2 粒沸石，烧瓶上装一短分馏柱，接上冷凝管、尾接管和锥形瓶。用小火缓缓加热至沸，控制分馏柱顶部的馏出温度不超过 90 ℃，馏出液为带水的浑浊液。至无液体馏出时，可把火加大，当烧瓶中只剩下很少量残液并出现阵阵白雾时，即可停止分馏。

(2) 馏出液用饱和食盐水洗，然后加 0.5～1 mL 5% 碳酸钠溶液中和微量的酸。将液体转移到 25 mL 分液漏斗中，摇振后静置分层，分出有机相。

(3) 用 4 g 无水氯化钙干燥 20 min。

(4) 常压蒸馏，收集 80～85 ℃的馏分[1]。纯环己烯的沸点为 83 ℃。

方法 2. 微量合成

(1) 在 10 mL 干燥的圆底烧瓶中加入 3 g(3.12 mL，0.030 mol)环己醇、0.2 mL 浓硫酸和 2 粒沸石，充分振荡使之混合均匀。烧瓶上装一短分馏柱，接上冷凝管、尾接管和锥形瓶。用小火缓缓加热至沸，控制分馏柱顶部的馏出温度不超过 90 ℃，馏出液为带水的浑浊液。至无液体馏出时，可把火加大，当烧瓶中只剩下很少量残液并出现阵阵白雾时，即可停止分馏。

(2) 馏出液用饱和食盐水洗，然后加 1 mL 5% 碳酸钠溶液中和微量的酸。将液体转移到 25 mL 分液漏斗中，摇振后静置分层，分出有机相(哪一层，如何取出)。

(3) 用 0.5 g 无水氯化钙干燥 20 min 后，常压蒸馏，收集 80～85 ℃的馏分。

五、注意事项

[1] 由于环己醇和水形成共沸物(沸点为 97.8 ℃，含水 80%)、环己烯和水形成共沸物(沸点为 70.8 ℃，含水 10%)、环己醇和环己烯形成共沸物(沸点为 64.9 ℃，含环己醇 30.5%)，因此加热温度不可过高，蒸馏速率不宜过快，以减少未反应的环己醇蒸出。

六、思考题

(1) 醇类酸催化脱水的反应机理是什么？

(2) 在制备环己烯时反应后期出现的阵阵白雾是什么？

(3) 粗产物环己烯中，加入食盐使水层饱和的目的何在？

(4) 写出无水氯化钙吸水后的化学方程式，为什么蒸馏前一定要将其过滤除去？

实验 19　环己酮的制备

环己酮是无色或浅黄色透明液体，是制造尼龙、己内酰胺和己二酸的主要中间体。由于其具有溶解力强、毒性低及价格低廉等特点，广泛应用于涂料、油墨、油漆，特别适用于含有硝化纤维、氯乙烯聚合物及其共聚物或甲基丙烯酸酯聚合物的油漆等，也用作感光、磁性记录材料涂布用溶剂。另外环己酮也用作染色和褪光丝的均化剂、擦亮金属的脱脂剂、木材着色涂漆、指甲油等化妆品的高沸点溶剂。

一、实验目的

学习次氯酸氧化法制备环己酮的原理和方法；巩固萃取、蒸馏、干燥等实验操作技术。

二、实验原理

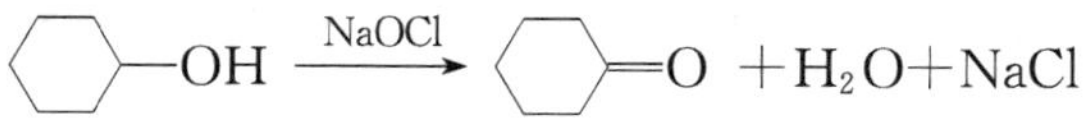

三、实验仪器及药品

仪器：恒压滴液漏斗，温度计，三口烧瓶，连接管，水浴锅，量筒，电炉，冷凝管，尾接管，锥形瓶，分液漏斗，集热式恒温磁力搅拌器。

药品：环己醇，次氯酸钠，饱和亚硫酸氢钠溶液，冰醋酸，氯化铝，无水碳酸钠，无水硫酸镁，食盐，碘化钾，淀粉碘化钾试纸。

四、实验步骤

(1) 在 100 mL 圆底烧瓶中依次加入 5.2 mL(0.050 mol)环己醇和 25 mL 冰醋酸，开动磁力搅拌器。在水浴冷却下，将 20 mL 次氯酸钠溶液经恒压滴液漏斗逐滴加入，使瓶内温度保持在 30～35 ℃，加完后继续搅拌 15 min。用淀粉碘化钾试纸检验是否变为蓝色[1]，不变蓝则应再次补加 5 mL 次氯酸钠。

(2) 在室温下继续搅拌 30 min，然后加入饱和亚硫酸氢钠溶液至反应液对淀粉碘化钾试纸不再显色。在反应混合物中加入 30 mL 水、3 g 氯化铝[2]和几粒沸石，加热蒸馏，至馏出液无油滴。

(3) 在搅拌下向馏出液中加入无水碳酸钠至中性，然后再加入精制食盐使之饱和，将此液体倒入分液漏斗，分出有机层[3]，再用无水硫酸镁干燥[4]，蒸馏并收集 150～155 ℃的馏分。

五、注意事项

[1] 若次氯酸钠过量，会将碘化钾氧化为碘，碘遇淀粉即变蓝。

[2] 加入氯化铝的目的是防止蒸馏时发泡。

[3] 环己酮相对密度为 0.9478，与水相差不大，如出现分层不明显，可加入饱和食盐水再分液。

[4] 环己酮可以和水形成共沸混合物，沸点为 95 ℃，含环己酮 38.4%，因此干燥应彻底。

六、思考题

(1) 实验中使用精制食盐有何作用？
(2) 第一次蒸馏所得到馏分的成分是什么？

实验 20　环己酮肟的制备

环己酮肟是己内酰胺生产过程中的中间产物。己内酰胺的主要应用领域为纤维、食品包装膜和工程塑料，并广泛应用于汽车、船舶、日用品、医疗制品、电子元器件等领域。己内酰胺在民用纺丝领域，可用于制作内衣、睡衣、衬衫、套衫、套服等，也可制作地毯、毛毯等；在工业纺丝中，用于制作汽车轮胎、帐篷、绳索、电缆、绝缘材料、渔网等；在工业塑料中，用于制作注射成型和挤压成型的储存设备及薄膜。

一、实验目的

了解制备环己酮肟的实验原理和方法。

二、实验原理

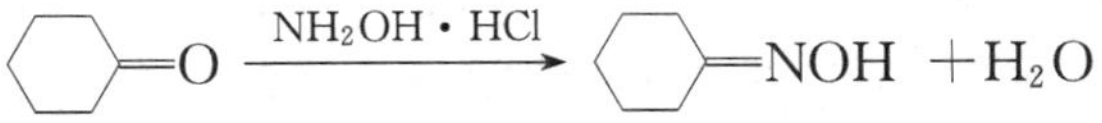

三、实验仪器及药品

仪器：滴液漏斗，温度计，三口烧瓶，量筒，烧杯，集热式恒温磁力搅拌器，抽滤装置。
药品：环己酮，羟胺盐酸盐，结晶乙酸钠。

四、实验步骤

(1) 在 100 mL 三口烧瓶中，放入 25 mL 水和 3.5 g(0.05 mol)羟胺盐酸盐，置于集热式恒温磁力搅拌器上搅拌使其溶解。搅拌下加入 3.9 mL(3.75 g，0.038 mol)环己酮，使其溶解。在一烧杯中，把 5 g(0.037 mol)结晶乙酸钠溶于 10 mL 水中，将此乙酸钠溶液滴加到上述溶液中，边加边搅拌，在锥形瓶中析出粉末状环己酮肟。

(2) 把锥形瓶放入冰水浴中冷却。粗产物抽滤，用少量水洗涤，尽量挤出水分。取出滤饼，放在空气中晾干。纯环己酮肟为无色棱柱晶体，熔点为 90 ℃。

五、思考题

(1) 为什么要把反应混合物先放到冰水浴中冷却后再过滤？
(2) 粗产物抽滤后，用少量水洗涤除去什么杂质？用水量的多少对实验结果有什么影响？

实验 21　萘乙醚的制备

萘乙醚为白色结晶，熔点为 37 ℃，沸点为 282 ℃，具有橙花和洋槐花的香味，又称橙花醚或橙花油，是一种合成香料，可用作定香剂。在医药上可用于乙氧萘青霉素钠的原料。萘乙醚为烷基芳基醚，可由威廉姆孙(Williamson)反应合成混合醚的方法合成，即萘酚钾盐或钠盐与溴乙烷或碘乙烷作用制备。

一、实验目的

学习通过威廉姆逊反应合成醚的原理和实验方法；掌握回流和重结晶提纯的方法。

二、实验原理

本实验通过β-萘酚钠盐与溴乙烷作用制备。

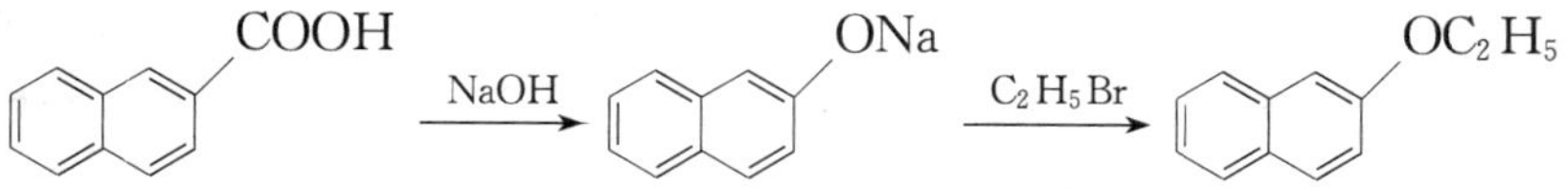

三、实验仪器及药品

仪器：圆底烧瓶，球形冷凝管，集热式恒温磁力搅拌器，表面皿，烧杯，量筒，抽滤装置。

药品：β-萘酚，溴乙烷，无水乙醇，氢氧化钠，活性炭，95% 乙醇。

四、实验步骤

(1) 在 100 mL 圆底烧瓶中加入 35 mL 无水乙醇，依次加入 2.8 g(0.07 mol)氢氧化钠、3.5 g(0.024 mol)β-萘酚，搅拌混合均匀，然后加入 3.5 mL(0.047 mol)溴乙烷[1]，装上球形冷凝管，水浴搅拌加热回流 1.5 h。

(2) 反应结束后，将反应混合物倒入盛有 100 mL 冰水的 250 mL 烧杯中，边倒边搅拌，待固体充分析出后，抽滤并用冷水洗涤。

(3) 粗产物用 95% 乙醇重结晶[2]，晾干，熔点为 37～38 ℃。

五、注意事项

[1] 溴乙烷的沸点为 38.4 ℃，易挥发，因此水浴温度不宜过高，粗产物带灰色，可加入少许活性炭脱色。

[2] 若粗产物带有灰黄色，可加入少量活性炭脱色。

六、思考题

(1) β-萘乙醚可否采用乙醇与β-溴代萘反应来合成，为什么？

(2) 重结晶如何操作才能得到较好的产品β-萘乙醚？

实验 22　苯甲酸的制备

苯甲酸又名安息香酸，是羧基直接与苯环碳原子相连接的最简单的芳香酸。可用于医药、染料载体、增塑剂、香料和食品防腐剂等。苯甲酸也用于醇酸树脂涂料的性能改进；可作染色和印色的媒染剂。苯甲酸是重要的酸型食品防腐剂，在酸性条件下，对真菌、酵母和细菌均有抑制作用，苯甲酸及其钠盐可用作乳胶、牙膏、果酱或其他食品的抑菌剂。工业上苯甲酸是在钴、锰等催化剂存在下用空气氧化甲苯制得；或由邻苯二甲酸酐水解脱羧制得。

一、实验目的

学习苯环支链上的氧化反应；掌握重结晶提纯的方法。

二、实验原理

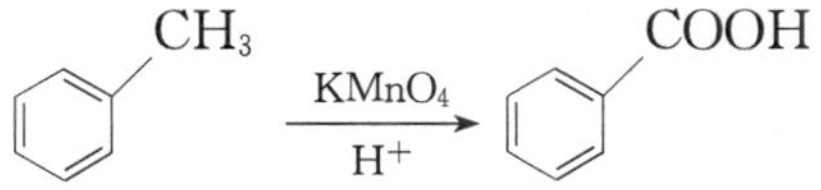

三、实验仪器及药品

仪器：电子天平，量筒，圆底烧瓶，冷凝管，电炉，集热式恒温磁力搅拌器，抽滤装置。

药品：甲苯，高锰酸钾，浓盐酸，沸石，活性炭。

四、实验步骤

(1) 在 250 mL 圆底烧瓶中放入 2.7 mL 甲苯和 80 mL 蒸馏水，瓶口装上冷凝管，加热至沸腾。经冷凝管上口分批加入 8.5 g 高锰酸钾[1]。黏附在冷凝管内壁的高锰酸钾用 20 mL 水冲入烧瓶中，继续煮沸至甲苯层消失，回流液中不再出现油珠为止。

(2) 反应混合物趁热过滤，用少量热水洗涤滤渣，合并滤液和洗涤液，并放入冰水浴中冷却，然后用浓盐酸酸化至苯甲酸全部析出[2]。

(3) 将所得滤液用布氏漏斗抽滤，所得晶体置于沸水中充分溶解(若有颜色加入活性炭除去)，然后趁热抽滤，滤液置于冰水浴中析出晶体，抽滤，压干后称量。

五、注意事项

[1] 反应液沸腾后，高锰酸钾应分批加入，避免反应剧烈从回流管上端喷出。

[2] 在苯甲酸的制备中，抽滤得到的滤液呈紫色是由于里面还有未反应的高锰酸钾，可加入亚硫酸氢钠将其除去。

六、思考题

在制备苯甲酸过程中，加高锰酸钾时，如何避免瓶口附着？实验完毕后，黏附在瓶壁上的黑色固体物是什么？如何除去？

实验 23　氯化三乙基苄基铵的制备

在有机合成中常遇到有水和有机溶剂参与的非均相反应，这类反应一般反应速率很慢，收率低，反应不完全。但如果用水溶性无机盐，用极性小的有机溶剂，并加入少量季铵盐或季鏻盐，反应很容易进行，这类能提高反应速率并在两相间转移负离子的鎓盐，称为相转移催化剂。

氯化三乙基苄基铵(TEBA)是一类季铵盐型相转移催化剂，多应用在有水和有机溶剂的两相反应中，其催化特点是反应速率快、收率高、操作简便和毒性小等，因而得到广泛应用。例如，治疗尿路感染的药物扁桃酸制备中，可用氯化三乙基苄基铵催化苯甲醛与氯仿在氢氧化钠溶液中直接反应而得到。

一、实验目的

学习季铵盐的制备;掌握回流、蒸馏等基本操作。

二、实验原理

季铵盐可用叔胺与卤代烃反应制得。

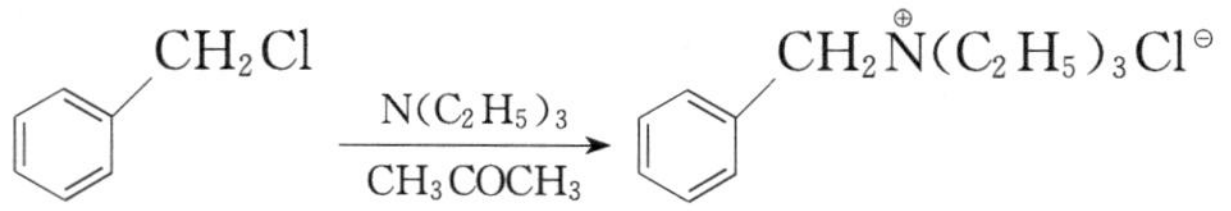

三、实验仪器及药品

仪器:圆底烧瓶,冷凝管,集热式恒温磁力搅拌器,量筒,抽滤装置。
试剂:氯化苄,三乙胺,丙酮。

四、实验步骤

(1) 在 100 mL 圆底烧瓶中加入 2 mL(0.018 mol)氯化苄、3 mL(0.022 mol)三乙胺和 30 mL 丙酮。装上回流冷凝管,在集热式恒温磁力搅拌器上,用水浴加热回流搅拌约 45 min,保持水浴温度为 80 ℃。

(2) 有晶体析出,冷却抽滤,晶体用少量丙酮洗涤,烘干后放入干燥器中。纯氯化三乙基苄基铵熔点为 120 ℃。

五、思考题

氯化三乙基苄基铵能否用水洗涤? 为什么?

实验 24　肉桂醛自身氧化还原反应

肉桂醛具有杀菌、消毒、防腐作用,特别是对真菌有显著疗效,是抗真菌的活性物质,主要是通过破坏真菌细胞壁,使药物渗入真菌细胞内,破坏细胞器而起到杀菌作用。肉桂酸具有很强的杀菌、防腐作用,被广泛直接添加于食品中。肉桂醇可用于制作香料。近年来,催化氧化肉桂醛制备肉桂酸以及选择性加氢制备肉桂醇备受关注,但加氢产物为混合物,难以分离。本实验采用肉桂醛的无溶剂坎尼扎罗歧化反应,减少溶剂污染,缩短实验时间,碱的用量也明显减少,同时还可使产物的分离提纯变得简单。

一、实验目的

掌握坎尼扎罗歧化反应的原理;练习减压蒸馏及重结晶等基本操作。

二、实验原理

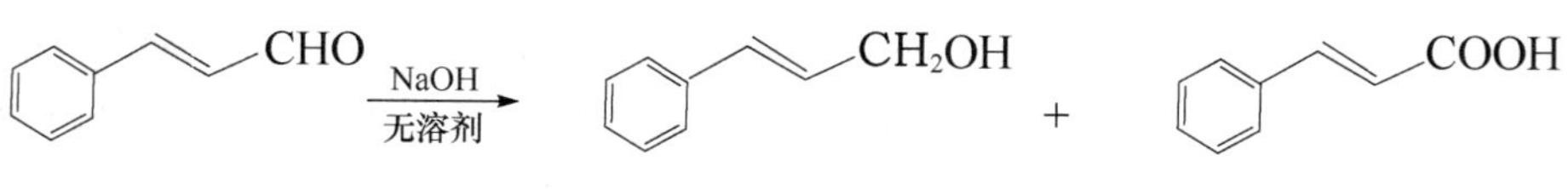

三、实验仪器及药品

仪器：电子天平，研钵，分液漏斗，蒸馏装置，烧杯，锥形瓶，抽滤装置。

药品：肉桂醛（新蒸），氢氧化钠，乙醚，碳酸钠，饱和亚硫酸氢钠。

四、实验步骤

(1) 肉桂醛（新蒸）3.78 mL(0.030 mol)、氢氧化钠 1.8 g(0.045 mol)置于研钵中，将温度控制在 30～33 ℃下研磨 5 min，薄层层析色谱跟踪反应。

(2) 待醛转化完全后，将反应物转入锥形瓶中，加水 20 mL 振荡，用乙醚(15 mL × 3)萃取[1]，将乙醚萃取液依次用 10 mL 饱和亚硫酸氢钠、10%碳酸钠、10 mL 水洗涤，分液[2]。

(3) 醚层用无水硫酸镁干燥 20 min。蒸出乙醚，改减压蒸馏，收集 118～120 ℃/2926 Pa 的馏分，即得肉桂醇。

(4) 乙醚萃取后的水溶液，用 2 mol/L 的盐酸酸化至 pH 约为 2，充分冷却，析出固体，抽滤，粗产物用水重结晶，得白色片状晶体，即为肉桂酸，熔点为 131 ℃。

五、注意事项

[1] 每次用 15 mL 乙醚萃取前述水溶液，并分液，合并醚层。

[2] 应彻底分尽水层，可放出少量醚层，醚层从上口倒出。

六、思考题

(1) 与普通的有有机溶剂参与的反应相比，无溶剂反应有哪些优点？

(2) 减压蒸馏应如何防止液体暴沸冲出？

实验 25 2-甲基-2-丁醇的制备

格氏试剂又称格林尼亚试剂，是指烃基卤化镁(R—MgX)一类的有机金属化合物，是一种很好的亲核试剂，在有机合成和有机金属化学中有重要用途。此类化合物的发现者法国化学家格林尼亚(Grignard)因此而获得 1912 年诺贝尔化学奖。

格氏试剂一般由卤代烷与金属镁（为了增大表面积，一般为细丝或粉末）在无水乙醚或四氢呋喃(THF)中反应制得。格氏试剂可与具有极性的双键发生加成，如格氏试剂与羰基发生加成常用于增长碳链、合成醇类化合物，是有机合成中的重要反应。它是通过格氏试剂中与镁相连的带负电荷的碳原子对羰基化合物中羰基碳正离子亲核加成反应实现的。

一、实验目的

学习格氏试剂的制备和应用；掌握回流、萃取、蒸馏等操作技能。

二、实验原理

$$CH_3CH_2Br + Mg \xrightarrow{\text{无水乙醚}} CH_3CH_2MgBr \xrightarrow[\text{无水乙醚}]{CH_3COCH_3}$$

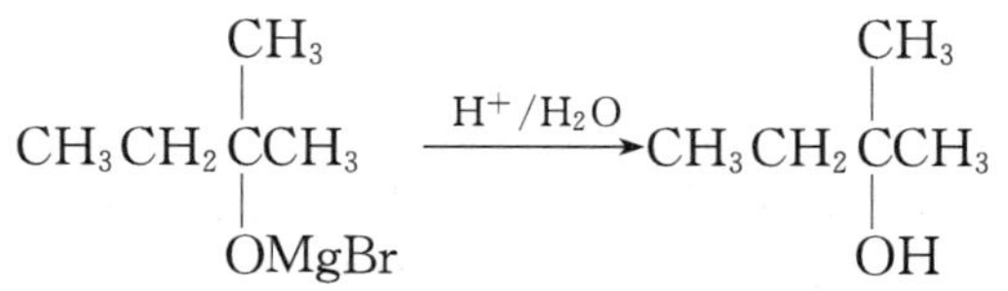

三、实验仪器及药品

仪器：电子天平，集热式恒温磁力搅拌器，圆底烧瓶，球形冷凝管，干燥管，恒压滴液漏斗。

药品：镁屑，溴乙烷，丙酮，无水乙醚，5% 碳酸钠，20% 硫酸，无水碳酸钾，无水氯化钙，乙醚。

四、实验步骤

1. 乙基溴化镁的制备

在三口圆底烧瓶[1]中放入 1.1 g 镁屑及一小粒碘，在恒压滴液漏斗中加入 4.3 mL 溴乙烷和 10 mL 无水乙醚，混匀。从恒压滴液漏斗中滴入约 1.7 mL 混合液于三口烧瓶中，溶液呈微沸，随即碘的颜色消失（必要时可用温水浴温热）。开动搅拌，慢慢滴加剩下的混合液，维持反应液呈微沸状态。滴加完毕后，用温水浴回流搅拌 30 min，镁屑几乎作用完全。

2. 与丙酮的加成反应

将反应瓶置于冰水浴中，在搅拌下从恒压滴液漏斗中滴入 3.3 mL 丙酮及 3.3 mL 无水乙醚[2]的混合液，滴加完毕后，在室温下搅拌 15 min，瓶中有灰白色黏稠状固体析出。

3. 加成物的水解和产物的提取

将反应瓶在冰水冷却和搅拌下，从恒压滴液漏斗中滴入 20 mL 20% 硫酸溶液分解产物。然后在分液漏斗中分离出醚层，水层用乙醚萃取两次，每次 6.5 mL。合并醚层，用 5 mL 5% 碳酸钠溶液洗涤，再用无水碳酸钾干燥[3]。用热水浴蒸去乙醚，再直接加热蒸馏，收集 95～105 ℃的馏分。称量，计算产率。

五、注意事项

[1] 格氏反应所用的仪器和药品必须经过干燥处理；实验装置与大气相连处需接上装有无水氯化钙的干燥管。

[2] 乙醚容易挥发、燃烧，必须远离火源。

[3] 2-甲基-2-丁醇与水能形成共沸物，用无水碳酸钾干燥时一定要充分干燥完全。

六、思考题

（1）作为溶剂的乙醚为什么必须要求无水？

（2）实验中采用了哪些方法来控制反应速率？

第7章　综合实验

实验26　肉桂醛的提取

肉桂又名桂皮、玉桂、牧桂、筒桂、大桂、辣桂，为樟科植物肉桂的树皮，性大热，味甘辛，临床上常用于祛风健胃、散寒止痛、活血通经等。肉桂含1%～2%的挥发油，主要成分为肉桂醛，具有镇静、镇痛、解热、抗惊厥、增强胃肠蠕动、利胆、抗肿瘤等作用，还能杀菌、消毒、防腐，特别是对真菌有良好的抑制作用。

肉桂醛有顺式和反式两种异构体，现商用的肉桂醛，无论是天然的或者是合成的，都是反式结构，其分子式是C_9H_8O。肉桂醛是无色或淡黄色液体，有强烈的肉桂油香气。利用肉桂精油杀菌、消毒、防腐的特性，可将精油用于食品添加剂中，其对人体低毒或无毒，而对微生物的生长有较强的抑制作用。在工业中，可做成显色剂，也可作杀虫剂、驱蚊剂、冰箱除味剂、保鲜剂等。肉桂醛还可应用于石油开采中的杀菌灭藻剂、酸化缓蚀剂，代替目前使用的戊二醛等传统防腐杀菌剂，可显著增加石油产量，提高石油质量，降低开采成本。

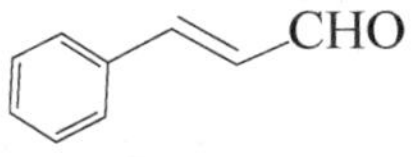

肉桂醛

方法1　索氏提取

一、实验目的

了解从天然产物中提取肉桂醛的方法，以及肉桂醛的一般鉴定方法；掌握索氏提取器工作原理和薄层层析的原理及操作方法。

二、实验原理

本实验将利用索氏提取的方法提取肉桂油，然后对粗产品进行初步纯化和定性分析。

索氏提取器工作原理：在索氏提取器中溶剂蒸气冷凝后产生的液体将可溶部分浸提，溶剂达到虹吸管最高处时发生虹吸，流回烧瓶，在加热下溶剂气化成蒸气继续上升，而被萃取的溶质留在烧瓶中，从而打破了提取时的溶解平衡而使浸提趋于完全。

三、实验仪器及药品

仪器：100 mL圆底烧瓶，索氏提取器，球形冷凝管，10 mL量筒，紫外线分析仪，层析缸，载玻片，毛细管，25 mL分液漏斗，锥形瓶，试管，试管架，50 mL烧杯，布氏漏斗，抽滤瓶，减压水泵，微型蒸馏装置，酒精灯，铁架台，铁圈。

药品：肉桂粉、0.5%高锰酸钾溶液，3%溴的四氯化碳溶液，2,4-二硝基苯肼，无水硫酸钠，硅胶G254，肉桂醛标准品，乙醚，石油醚(沸点为60～90 ℃)，展开剂(乙酸乙酯∶石油醚＝1∶4，体积比)，亚硫酸氢钠。

四、实验步骤

(1) 依据热源高度固定 100 mL 圆底烧瓶,加入 2 粒沸石,装好索氏提取器。称取 5 g 肉桂粉用滤纸包好,放入提取器内[1],用量筒取 60 mL 环已烷从提取器口加入,使其从虹吸管进入烧瓶[2]。装好回流冷凝管,通入冷凝水,点火加热,回流提取 3 h。

(2) 冷却,取下索氏提取器,安装蒸馏装置,蒸出烧瓶中剩余的环已烷,得到黏稠状固体,称量,计算肉桂精油的粗产率,并用气相色谱检测其含量。

(3) 加 1 mL 乙醇将肉桂油提取物溶解,与 5 mL 饱和亚硫酸氢钠溶液混合,充分振摇 1 h 时后使反应充分,析出的固体进行抽滤,滤饼用无水乙醚洗涤两次后,转入烧杯中。缓慢滴加 0.5 mol/L 硫酸至固体全部溶解,混合液用无水乙醚萃取三次,合并乙醚层用无水硫酸钠干燥,用毛细管取少量样品进行薄层层析,并与标准品对照,计算肉桂醛的 R_f 值。干燥后的溶液过滤,蒸去乙醚后得到较为纯净的肉桂醛,用气相色谱检测其纯度。

(4) 取少量样品做性质实验:分别取 3 滴肉桂醛于三支试管中,分别加入 1 滴 3% 溴的四氯化碳溶液、1 滴 0.5% 高锰酸钾溶液、3 滴 2,4-二硝基苯肼(摇匀后水浴加热),观察三支试管中有何现象。

五、注意事项

[1] 肉桂粉用滤纸包严实,以免溢出堵塞提取器的虹吸管,同时注意滤纸筒的高度不高于虹吸管。

[2] 加入索氏提取器的溶剂量是虹吸两次的体积,保证烧瓶中溶剂不出现蒸干现象,如溶剂不够,可以撤掉热源,取下回流冷凝管,向索氏提取器中补加适量溶剂。

六、思考题

(1) 索氏提取和一般的浸泡萃取比较有什么优点?

(2) 提取的粗品肉桂精油,除了用 $NaHSO_3$ 外还可用什么试剂提纯其中的肉桂醛?

方法 2 水蒸气蒸馏提取

一、实验目的

了解从天然产物中提取肉桂醛的方法,以及肉桂醛的一般鉴定方法;进一步巩固水蒸气蒸馏、萃取、薄层层析的操作方法。

二、实验原理

许多植物具有独特的令人愉快的气味,植物的这种香气是其所含的香精油所致。肉桂树皮中香精油的主要成分是肉桂醛,它能随水蒸气挥发。本实验将利用水蒸气蒸馏的方法提取香精油,然后将粗产品进行定性分析。

水蒸气蒸馏原理参见 3.1.4 节相关内容。

三、实验仪器及药品

仪器:100 mL 双口圆底烧瓶,蒸馏试管,微型直形冷凝管,尾接管,锥形瓶,10 mL 量筒,紫外线分析仪,层析缸,载玻片,毛细管,25 mL 分液漏斗,试管,50 mL 烧杯,酒精灯。

药品：肉桂粉，0.5% 高锰酸钾溶液，3% 溴的四氯化碳溶液，2,4-二硝基苯肼，硅胶 G254，肉桂醛标准品，无水硫酸镁，乙醚，石油醚（沸点为 60～90 ℃），展开剂（乙酸乙酯：石油醚＝1：4，体积比）。

四、实验步骤

(1) 称取 0.8 g 肉桂粉于蒸馏试管中[附图 1-5(a)]，加入 6 mL 蒸馏水，进行水蒸气蒸馏收集约 6 mL 馏出液[1]。

(2) 馏出液用石油醚萃取三次，每次 3 mL，合并有机相，加入少量无水 $MgSO_4$ 干燥 20 min，蒸馏浓缩备用。

(3) 各取 3 滴肉桂油溶液于三支试管中，分别加入 1 滴 3% 溴的四氯化碳溶液、4 滴 0.5% $KMnO_4$ 溶液、5 滴 2,4-二硝基苯肼（摇匀后水浴加热），观察三支试管中的现象并记录。

(4) 取少量肉桂油溶液进行薄层层析，紫外线分析仪检测化合物所在位置，并计算 R_f。

五、注意事项

[1] 注意观察蒸馏试管中溶液的沸腾情况，通过 T 形管上的止水夹调节气压，防止倒吸。

六、思考题

(1) 能够用水蒸气蒸馏的物质必须符合哪些条件？

(2) 提取的粗品肉桂精油，可用什么方法提纯其中的肉桂醛？

实验 27 β-D-五乙酰葡萄糖酯的合成

1,2,3,4,6-D-五乙酰基葡萄糖酯是有机合成中的重要中间体，广泛用于葡萄糖衍生物（如糖苷）的合成，在医药和化学工业上具有很高的应用价值，是潜在的二氧化碳吸附剂，也是性能优异的非离子型表面活性剂，还可用作树脂增塑剂、玻璃黏结剂、纸张渗透与上光剂、食品和医药工业添加剂等。

在糖化学研究过程中，乙酰基是常用的羟基保护基团，可在酸性或碱性条件下脱除，全乙酯化单糖是一类常用的合成低聚糖和多糖的初始原料。D-五乙酰葡萄糖酯通常是以 D-葡萄糖为原料，乙酸酐或乙酰氯为酯化试剂合成，常用乙酸钠、吡啶、路易斯酸等作催化剂，可得到 α、β 两种构型的产物，通过催化剂种类可控制产物的构型，本实验采用乙酸钠作为催化剂，主要得到 β-D-五乙酰葡萄糖酯。

一、实验目的

学习 β-D-五乙酰葡萄糖酯的合成方法；进一步巩固回流、抽滤、重结晶、旋光度的测定等操作技术。

二、实验原理

D-葡萄糖与乙酸酐在乙酸钠作用下反应生成 β-D-五乙酰葡萄糖酯。

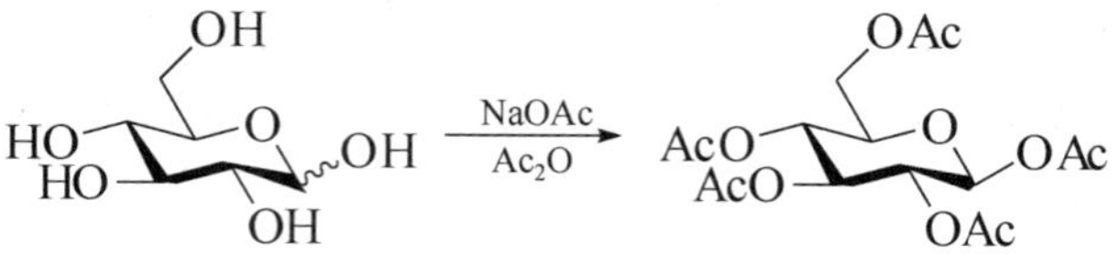

三、实验仪器及药品

仪器：100 mL 圆底烧瓶，回流冷凝管，250 mL 烧杯，布氏漏斗，250 mL 抽滤瓶，水泵，50 mL、100 mL 量筒，剪刀，天平，表面皿，温度计，集热式恒温磁力搅拌器，毛细管，旋光仪，熔点仪。

药品：D-葡萄糖，乙酸酐，乙酸钠，乙醇，三氯甲烷，pH 试纸。

四、实验步骤

(1) 将 D-葡萄糖(2.0 g，11.1 mmol)加入装有磁子的 100 mL 圆底烧瓶中，再加入 15 mL 乙酸酐和乙酸钠(0.92 g，11.1 mmol)[1]，加热回流 3 h 后[2]，冷却至室温，混合物倒入装有 60 g 碎冰的烧杯中，搅拌 30 min，得到的悬浮物抽滤[3]，滤饼用冰水洗涤至中性，即得 β-D-五乙酰葡萄糖粗品。

(2) 粗品用乙醇重结晶得到白色固体，干燥后测定熔点和旋光度(参考熔点：129～131 ℃，比旋光度[α]＝＋4°[c＝2.0g/(100 mL $CHCl_3$)])。

五、注意事项

[1] 乙酸酐具有腐蚀性，取用时需小心，若不慎溅到皮肤上，立即用大量水冲洗。

[2] 反应过程中温度不宜过高，保持微沸状态(外浴不超过 140 ℃)。

[3] 反应物倒入冰水后，充分搅拌和冷却后再抽滤，使产物尽可能完全析出。

六、思考题

(1) 根据 α-D-五乙酰葡萄糖酯和 β-D-五乙酰葡萄糖酯的构型，判断两者之间的关系是对映体还是非对映体。

(2) 本实验除了可以用乙酸钠催化外，还可以使用哪些试剂作为催化剂？

实验 28　从果皮中提取果胶

果胶广泛存在于水果和蔬菜中，在橘皮中约为干重的 30%，苹果中含量为 0.7%～1.5%(以湿品计)，在蔬菜中以南瓜含量最多，为 7%～17%。果胶的基本结构是以 α-1,4-苷键连接的聚半乳糖醛酸，其中部分羧基被甲酯化，其余的羧基与钾、钠、铵离子结合成盐，其结构如下所示：

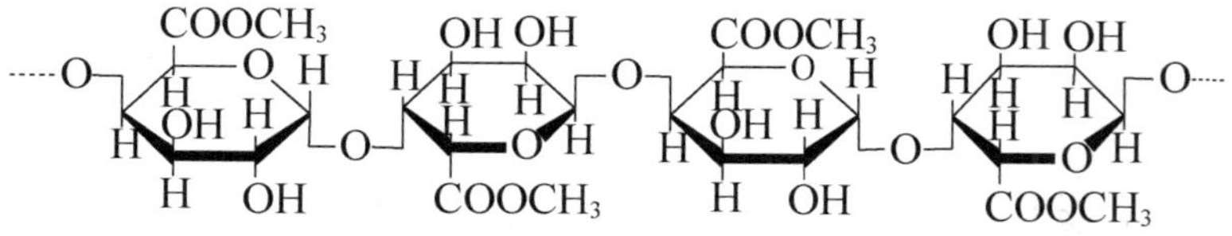

果胶多数以原果胶存在，原果胶是以金属离子桥(特别是钙离子)与多聚半乳糖醛酸中的游离羧基相结合。原果胶不溶于水，故用酸水解，生成可溶性的果胶，再进行脱色、沉淀、干燥，

即为商品果胶。从柑橘皮中提取的果胶是高酯化度的果胶，酯化度在70%以上。在食品工业中常用来制作果酱、果冻和糖果，在汁液类食品中用作增稠剂、乳化剂等。

一、实验目的

学会果胶的提取方法。

二、实验原理

酸水解橘皮中不溶的原果胶，生成可溶性果胶而与果皮分离。

三、实验仪器及药品

仪器：过滤用尼龙布(100目)，250 mL烧杯，100 mL量筒，剪子，滤纸(快速)，电热套。

药品：新鲜橘皮，柠檬酸钠，稀氨水($V/V = 1:10$)，0.25% 稀盐酸，95% 乙醇，蔗糖，柠檬酸，精密pH试纸。

四、实验步骤

1. 处理橘皮

鲜橘皮20 g(或干品8 g)清水洗净置于烧杯中，加120 mL水，90 ℃加热5～10 min使酶失活。水洗，切成3～5 mm的颗粒后，用50 ℃热水漂洗至水无色、皮无异味[1]。

2. 水解果胶

预处理橘皮粒放入烧杯中，加0.25 %盐酸60 mL，浸没橘皮为宜，pH保持为2.0～2.5，加热至90 ℃，45 min后趁热用100目尼龙布或四层纱布过滤。

3. 沉淀果胶

滤液放冷，稀氨水调节pH至3～4，不断搅拌下加95%乙醇，量约为原体积的1.3倍，使酒精浓度达50%～60%，静置10 min。

4. 洗涤果胶

用尼龙布过滤，果胶用95% 乙醇洗涤两次至中性，得到果胶。

5. 制取果酱

果胶中加入约10 mL水、0.1 g柠檬酸、0.1 g柠檬酸钠，20 g蔗糖，搅拌下加热至沸，煮5 min，冷却后即成果酱[2]。

五、注意事项

[1] 在处理橘皮过程中，每次清洗果皮都用尼龙布挤干。

[2] 用化学试剂制备的果酱不能食用。

六、思考题

(1) 在沉淀果胶步骤中，为什么加入乙醇，果胶就沉淀？

（2）在洗涤果胶步骤中，能否将乙醇洗涤果胶换成水洗涤果胶？

实验 29　从茶叶中提取咖啡因

茶叶中含有多种生物碱，其中以咖啡碱（又称咖啡因）为主，占茶叶干重的 1%～5%。茶叶中主要还含有 11%～12%的丹宁酸（又名鞣酸）、0.6%的色素、纤维素、蛋白质等。咖啡因是弱碱性化合物，其化学名为 1,3,7-三甲基-2,6-二氧嘌呤，易溶解于水和乙醇，丹宁酸也易溶解于水和乙醇。为了提取茶叶中的咖啡因，往往利用适当的溶剂（水、乙醇等）在索氏提取器中连续抽提，然后蒸发溶剂，即得粗咖啡因，利用升华方法可进一步提纯咖啡因。咖啡因具有刺激心脏、兴奋大脑神经中枢和利尿等作用，它也是复方阿司匹林等药物的重要组分。

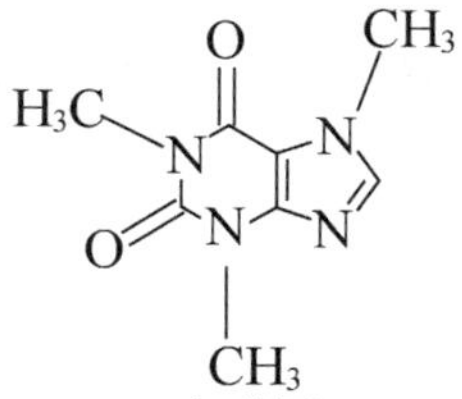

咖啡因

一、实验目的

学习从茶叶中提取咖啡因的方法；学习索氏提取器的原理和使用方法；熟悉蒸馏、升华等操作。

二、实验原理

用溶剂提取固体中的可溶部分往往由于溶解平衡而不能提取完全。在索氏提取器中溶剂蒸气冷凝后产生的液体将可溶部分浸提，溶剂达到虹吸管最高处时发生虹吸，流回烧瓶，在加热下溶剂气化成蒸气继续上升，而被萃取的溶质留在烧瓶内，从而打破了提取时的溶解平衡而使浸提趋于完全。

三、实验仪器及药品

仪器：100 mL 圆底烧瓶，回流冷凝管，滤纸，索氏提取器，50 mL 量筒，剪刀，蒸馏头，直形冷凝管，尾接管，100 mL 锥形瓶，酒精灯，温度计，坩埚，坩埚钳，玻璃漏斗，熔点测定仪。

药品：已粉碎的茶叶，95% 乙醇，碳酸钠。

四、实验步骤

（1）称取 10 g 粉碎的茶叶（普通绿茶）和 5 g 碳酸钠混合，装入滤纸筒中，轻轻压实，放入索式提取器中[1]，从索氏提取器上口加入 95% 乙醇（用量以加入乙醇后完成一次虹吸，再加入 20～30 mL 为宜），安装回流冷凝管，加热回流浸提 2 h（提取液几乎为无色）。

（2）将提取装置改为蒸馏装置，蒸馏除去溶剂[2]。

（3）将残余物倒入坩埚中，置于石棉网上，用电炉缓慢升温加热蒸发，其间不断搅拌，并压碎块状物，当固体颜色变至黑褐色、有白色蒸气外逸时，控温在 220 ℃左右[3]，在坩埚上盖一张用大头针刺有许多小孔的圆形滤纸，并用一个合适的玻璃漏斗罩住，小心升华 30 min，停止加热，冷却，揭开漏斗和滤纸，观察晶体的颜色和形状，用药匙将滤纸上的晶体刮下，即可得到纯净的咖啡因，测定其熔点（参考熔点：234～235 ℃）。

五、注意事项

[1] 滤纸筒的大小适宜，既要包裹住茶叶粉末，又能方便取放，其高度不能超过虹吸管，包扎以不漏出茶叶为宜，防止茶叶漂浮堵住虹吸管口。

[2] 浓缩提取液时，乙醇不可蒸得过干，否则残液黏稠，不易转移。

[3] 升华过程中始终都用小火加热，慢速升温，否则容易使产物炭化，也可用砂浴代替电炉加热。

六、思考题

(1) 提取时为什么要加入碳酸钠？

(2) 除了用升华的方法外，还可用哪些方法提纯咖啡因？

实验30 从橘皮中提取柠檬烯

柑橘皮中含有橘皮挥发油、黄酮、生物碱、微量元素等对人体有益的活性物，其中挥发油是一些单萜烯类化合物，主要成分是柠檬烯。柠檬烯（limonene）又称苧烯，化学名为1-甲基-4-(1-甲基乙烯基)环己烯，是一种有令人愉快香味的淡黄色液体。橘皮粗油中柠檬烯的含量可高达60%～70%。橘皮油中的柠檬烯存在D、L两种构型，主要以D-柠檬烯（右旋柠檬烯）异构体形式存在，占95%以上。研究表明，橘皮油中的柠檬烯具有多种生理活性和生物功效，而且资源丰富、天然安全，已在医药、食品、香精香料、化妆品以及工业洗涤和生物农药等领域得到了很好的应用。

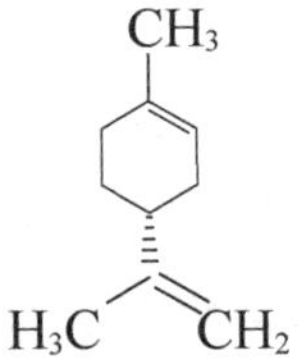

D-柠檬烯

一、实验目的

学习从橘皮中提取柠檬烯的方法；进一步巩固水蒸气蒸馏、普通蒸馏和萃取等操作技术。

二、实验原理

根据道尔顿分压定律，在不溶或微溶于水的有机化合物中通入水蒸气时，整个体系的蒸气压等于各组分的蒸气压之和，当混合物中各组分的蒸气压总和等于外界大气压时，混合物开始沸腾，有机化合物则可以在远低于沸点的温度下蒸馏出来。柠檬烯沸点高（177 ℃），挥发性强，不溶于水，因此可通过水蒸气蒸馏的方法与水共沸在较低的温度下蒸馏出来。

三、实验仪器及药品

仪器：过滤用尼龙布（100目），250 mL烧杯，100 mL量筒，剪刀，100 mL圆底烧瓶，蒸馏头，直形冷凝管，尾接管，100 mL 锥形瓶，水蒸气发生器，玻璃漏斗，100 mL 分液漏斗，水浴锅。

药品：新鲜橘皮，二氯甲烷，稀盐酸，乙醇，无水硫酸钠。

四、实验步骤

(1) 取 20 g 新鲜橘皮[1]用清水洗净，先将橘皮切成碎片，放入 100 mL 圆底烧瓶中，并加入 20 mL 水。安装水蒸气发生器(加入约 2/3 体积的水)，加热进行水蒸气蒸馏，收集馏出液，当馏出液中不再有油珠出现时停止蒸馏。

(2) 将接收瓶中的液体转入分液漏斗中，用二氯甲烷萃取(10 mL × 3)，合并有机相，置于干燥的锥形瓶中，加入适量无水硫酸钠干燥 30 min。

(3) 过滤除去干燥剂，滤液倒入 100 mL 圆底烧瓶，在水浴锅中进行普通蒸馏，以除去溶剂二氯乙烷，瓶中残留的橙黄色液体即为柠檬烯。

(4) 取样进行折光率和旋光度的测定(参考：折光率 $n_D^{20} = 1.4727$，比旋光度 $[\alpha]_D^{20} = 125.6$[2])。

五、注意事项

[1] 橘皮也可用橙皮代替，新鲜的效果较好。

[2] 测量旋光度时用乙醇作为溶剂。

六、思考题

(1) 请判断 D-柠檬烯中手性碳的绝对构型。

(2) 根据以前所学知识，设计另外的方法提取橘皮中的柠檬烯。

实验 31 食用香料肉桂醛缩乙二醇的合成

缩醛类香料一般具有甜香、果香、花香，留香持久，与其母体醛、酮类香料相比，其香气更柔和淡雅，化学性质更稳定。肉桂醛缩乙二醇为无色油状液体，具有清香气味，是我国食品添加剂使用标准规定允许使用的食用香料，主要用于香辛型香料的配制，以及用于酒类、软饮料、冰淇淋和糖果等食品中。缩醛的传统合成方法常采用无机酸(硫酸、盐酸和磷酸等)作为催化剂，以有机溶剂为带水剂，但该方法不仅反应时间长、副反应多，而且腐蚀设备，造成环境污染。本实验以有机酸对甲苯磺酸(TsOH)作为催化剂，合成肉桂醛缩乙二醇。

一、实验目的

掌握乙二醇与醛反应形成缩醛的方法；学习油水分离器的使用方法和减压蒸馏的操作方法。

二、实验原理

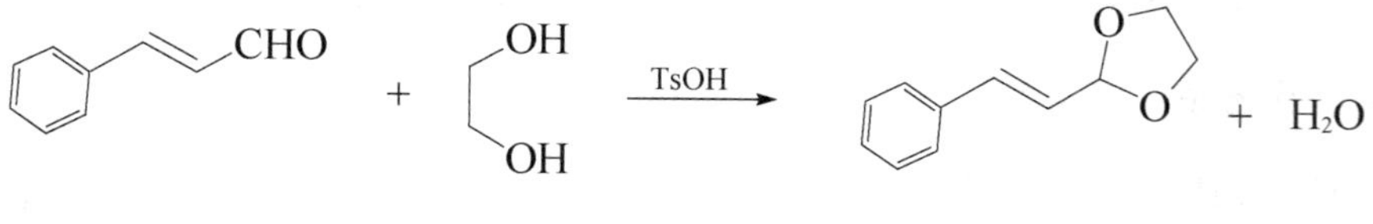

三、实验仪器及药品

仪器：100 mL 三口圆底烧瓶，10 mL 油水分离器，球形冷凝管，10 mL、50 mL 量筒，100 mL 锥形瓶，蒸馏头，直形冷凝管，尾接管，集热式磁力搅拌器，天平。

药品：肉桂醛，乙二醇，环己烷，对甲基苯磺酸，碳酸氢钠，氯化钠，无水硫酸钠。

四、实验步骤

(1) 在装有磁子、温度计、油水分离器、回流冷凝管的 100 mL 三口烧瓶中依次加入肉桂醛(3.9 mL，0.03 mol)、乙二醇(3 mL，0.045 mol)、环己烷(25 mL)和对甲苯磺酸(0.29 g，1.5 mmol)[1]，加热回流分水至几乎无水分出(约 3 min，约 0.6 mL 水)[2]。

(2) 反应混合液冷却后，转入分液漏斗中，依次用水(25 mL)、碳酸氢钠溶液(25 mL)和饱和食盐水(25 mL)洗涤，有机相用适量无水硫酸钠干燥。

(3) 常压蒸馏除去溶剂得粗产物。

(4) 粗产物再减压蒸馏收集 122～124 ℃/3 mmHg 的馏分即为产物，测定其折光率(参考数据：$n_D^{20}=1.4329$)。

五、注意事项

[1] 催化剂对甲基苯磺酸不要加入过量，否则反应液颜色变深，有副反应发生。

[2] 反应过程中控制外浴温度在 90 ℃左右，温度过低反应较慢，过高则副反应较多。

六、思考题

(1) 该反应中为什么是乙二醇过量？后处理怎样除去？

(2) 有机相为什么要用碳酸氢钠溶液洗涤？

实验 32 油脂的皂化反应

肥皂的主要成分是长链脂肪酸的钠盐或钾盐，由天然油脂在碱性条件下水解得到，因此油脂的碱性水解也称为皂化反应。日常所用的肥皂多为 C_{16}～C_{18} 高级脂肪酸钠盐，其中含 70% 左右的脂肪酸钠和 30% 的水，在成品中加入香料及颜料就制成家用香皂，加入甲苯酚或其他防腐剂就成为药皂，洗涤肥皂通常加入松香酸钠增加泡沫。肥皂是一种弱酸强碱盐，遇强酸会游离出难溶于水的高级脂肪酸，使去污能力降低；在硬水中使用时，会生成不溶于水的脂肪酸钙盐或镁盐，失去乳化作用，使肥皂失效，因此，肥皂不宜在酸性环境或硬水中使用。

市售的肥皂一般在制造过程中将油脂皂化产生的甘油作为副产物分离出去，而手工皂含有天然的甘油，保湿效果较好，对肌肤十分温和，具有天然、纯净、环保的优点。

一、实验目的

理解油脂的皂化反应原理；了解制备手工皂的实验方法。

二、实验原理

油脂在碱性条件下水解生成甘油和高级脂肪酸的钠盐，高级脂肪酸的钠盐是肥皂的主要成分。

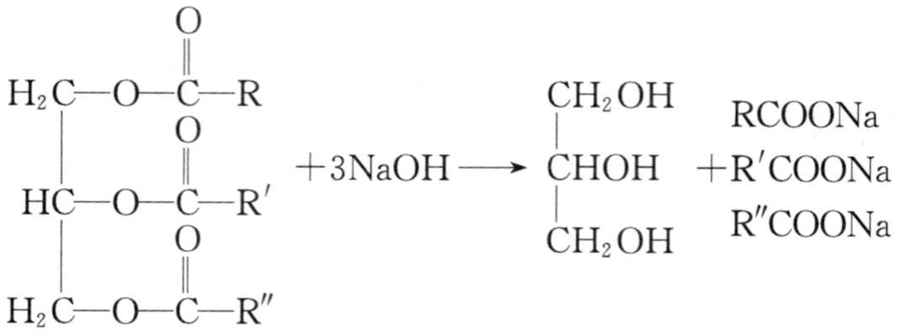

三、实验仪器及药品

仪器：500 mL 烧杯，50 mL、100 mL 量筒，天平，水浴锅，条状磁子（或不锈钢打蛋器），温度计，硅胶模具，乳胶手套。

药品：棕榈油，橄榄油，椰子油，氢氧化钠，pH 试纸。

四、实验步骤

(1) 称取 75 g 棕榈油、25 g 橄榄油、25 g 椰子油置于 500 mL 烧杯中搅拌均匀[1]，水浴加热，保持油温在 38～40 ℃。另称取固体氢氧化钠 18.6 g，用 44 mL 蒸馏水溶解，静置降温至 38～40 ℃，倒入油脂中，边倒边剧烈搅拌（或用打蛋器不停搅拌），直至溶液变成酸奶状。

(2) 将皂液倒入模具中[2]，盖好保鲜膜，如果室温低于 30 ℃，用水浴保温 1 h 保证皂化反应完全，取出模具，置于避光通风处 2 h 脱模，用 pH 试纸测定 pH，如果 $8<pH<10$ 则可使用[3]。

五、注意事项

[1] 皂化所需氢氧化钠的量根据 3 种油的皂化值计算：棕榈油 199，橄榄油 189，椰子油 257。

例如，制备油脂质量为 125 g 的手工皂（60% 棕榈油＋ 20% 橄榄油＋ 20% 椰子油），所需 NaOH 的质量为 $125\times0.713\times10^{-3}\times(60\%\times199+20\%\times189+20\%\times257)=18.6$ g，水的质量一般为 NaOH 质量的 2.33～2.35 倍，约为 44 g。

[2] 使用硅胶模具脱模时比较方便，也可用纸质牛奶盒、塑料盒、一次性纸杯等代替。

[3] 刚脱模的手工皂不能立即使用，需成熟（$8 < pH < 10$）后方可使用，约需 1 个月的时间。

六、思考题

(1) 油脂的皂化值表示什么意思？

(2) 试说明油脂的皂化值和酸值的区别。

实验 33　大豆中油脂和蛋白质的分离

干大豆含脂肪 12.1%～20.0%、蛋白质 36%～37%、淀粉 36%～47%，以及其他营养成分。油脂溶于有机溶剂，不溶于水，可以用乙醚或石油醚提取大豆中的油脂。抽提脂肪后的固体豆渣中主要含蛋白蛋和淀粉、纤维素等。利用蛋白质可溶于酸或碱的两性性质，可以调节溶液 pH 远离蛋白质的等电点，使蛋白质溶解提取。过滤后滤液再调节 pH 至蛋白质等电点附近，蛋白质即析出，分离出来的蛋白质可以用缩二脲反应检验。

一、实验目的

学习植物种子中油脂与蛋白质的提取方法。

二、实验原理

利用大豆中各成分对不同溶剂溶解性的差别而分离各成分。

三、实验仪器及药品

仪器：水浴锅，尼龙布，减压水泵，安全瓶，索氏提取器，蒸馏烧瓶，蒸馏头，直形冷凝管，电热套，抽滤瓶，布氏漏斗，滤纸，试管。

药品：大豆粉，石油醚(沸程为 60～90 ℃)，5% 的氢氧化钠溶液，3% 的稀盐酸，精密 pH 试纸，1% 的硫酸铜溶液。

四、实验步骤

1. 提取油脂

称取 20 g 大豆干粉，用滤纸包好置于索氏抽提器内[1]，加入 100 mL 沸程为 60～90 ℃的石油醚，水浴加热抽提 4 h，倾出提取液。

2. 分离油脂

将石油醚提取液置于烧瓶中，装好蒸馏装置，加热蒸出石油醚，残液为粗豆油。称量，计算粗豆油的质量分数。

3. 提取蛋白质

豆渣放入烧杯中，加 100 mL 水，用 1 mol/L NaOH 调节 pH 至 8～9，然后水浴加热至 60～70 ℃并保温 30 min，期间不时搅拌。

4. 分离蛋白质

混合物用 4 层尼龙布趁热过滤，滤液冷却，用 1 mol/L 的盐酸调节 pH 至 4.3～4.5(大豆蛋白的等电点)，待沉淀完全后抽滤分离粗蛋白质。

5. 蛋白质的检测

取少量粗蛋白质溶解于 1 mL 水，加入约 1 mL 1% 的硫酸铜溶液，摇匀。然后滴加氢氧化钠，边加边摇动，直至沉淀消失，出现紫红色证明有蛋白质存在。

五、注意事项

[1] 样品纸包直径应该略小于索氏提取器内径，便于放入和取出；高度要低于虹吸管，使

样品可以被溶剂有效萃取。

六、思考题

(1) 提取油脂和提取蛋白质的步骤可以先后交换吗？为什么？
(2) 从植物种子中提取油脂，首先要满足什么条件？

实验 34　从牛奶中分离酪蛋白和乳糖

牛奶中主要的蛋白质是酪蛋白，含量约为 35 g/L。酪蛋白在牛奶中是以酪蛋白酸钙-磷酸复合体胶粒存在，胶粒直径为 20～800 nm，平均为 100 nm。在酸或凝乳酶的作用下酪蛋白会沉淀，加工后可制得干酪和干酪素。本实验利用酸调节牛奶 pH 至酪蛋白的等电点 pI ～(4.7)，使其沉淀。在除去酪蛋白后剩下的乳清中含有乳白蛋白、乳球蛋白和乳糖，乳清中糖类物质 99.8% 以上是乳糖，可通过浓缩、结晶提纯出来。

一、实验目的

学习乳品中蛋白质、乳糖的分离技术。

二、实验原理

利用蛋白质在等电点的溶液中溶解度最小的性质分离蛋白质，利用糖在乙醇中溶解度较小的性质用乙醇析晶分离乳糖。

三、实验仪器及药品

仪器：离心机，离心试管，显微镜，电热套，100 mL 烧杯，锥形漏斗，滤纸。
药品：脱脂乳或脱脂奶粉，乙酸-乙酸钠缓冲溶液(pH＝4.7)，95% 乙醇，乙醚，碳酸钙粉末，苯肼。

四、实验步骤

1. 沉淀酪蛋白

100 mL 烧杯中加入 2 g 脱脂奶粉，再加入 40 mL 40 ℃的热水，搅拌使奶粉溶解。搅拌下慢慢加入 40 mL 预热到 40 ℃、pH＝4.7 的乙酸-乙酸钠缓冲溶液，用 pH 精密试纸检验液体的 pH。静置冷却至室温，倾去上层清液(留作提取乳糖用)。

2. 分离酪蛋白

剩下的悬浮液分别装入两支离心试管中，放入离心机。调节转速为 2000 r/min，离心 3～5 min，取出试管[1]，倾出上层清液(合并于上一清液中)，得酪蛋白粗品。

3. 纯化酪蛋白

离心管内加入 5 mL 蒸馏水，玻璃棒搅拌洗涤除水溶性杂质，离心弃去上层液，再用蒸馏水洗。加入 5 mL 95% 乙醇搅拌，离心，倾析出乙醇，除磷脂。再用 5 mL 乙醚洗涤，除去脂肪。酪蛋白沉淀物晾干，称量并计算酪蛋白收率。

4. 分离乳糖

除酪蛋白的清液中，加入 1.5 g $CaCO_3$ 粉末，搅拌均匀后加热至沸。中和溶液的酸性，防止乳糖水解，趁热过滤除乳白蛋白沉淀。

5. 提纯乳糖

在滤液中加入 1～2 粒沸石，加热浓缩至 20 mL，加入 10 mL 95% 乙醇(注意离开火焰)和少量活性炭脱色，搅拌均匀，加热至沸腾，趁热过滤，浓缩至约 10 mL，加适量 95% 乙醇，结晶。

6. 制备糖脎

试管中加入 1 mL 乳糖溶液，1 mL 苯肼试剂，摇匀。试管口用棉花塞住，在沸水浴中加热，并不时振摇。加热 10～15 min，放置冷却，乳糖脎成结晶析出。显微镜下观察其结晶形状，以证实是否是乳糖。

五、注意事项

[1] 离心试管应该对称地放置在离心机的试管套中；离心机在旋转时千万不要用手或工具去取试管，一定要等离心机停止旋转后才能取试管。

六、思考题

(1) 能否先分离乳糖，后分离酪蛋白？为什么？
(2) 举出用溶剂沉淀有机物的一些具体例子。

实验 35 卵磷脂的提取、鉴定和应用

卵磷脂是甘油磷脂中的一种，由磷酸、脂肪酸、甘油及胆碱组成，其中，R_1 为硬脂酸或软脂酸，R_2 为油酸、亚麻酸或花生四烯酸等不饱和脂肪酸。

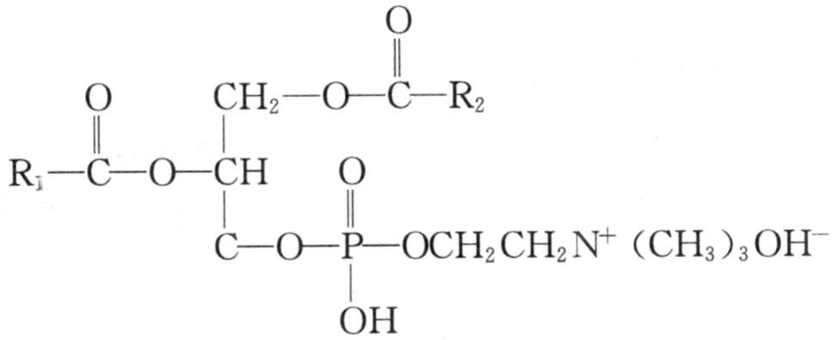

卵磷脂广泛分布于动植物体中，在植物种子和动物的脑、神经组织、肝、肾上腺及红细胞中含量较多，其中蛋黄中含量最丰富，高达 8%～10%，因而得名。卵磷脂在食品工业中广泛用作乳化剂、抗氧化剂和营养添加剂。

卵磷脂可溶于乙醚、乙醇等，因而可以利用这些溶剂进行提取。本实验以乙醚作为溶剂提取生蛋黄中的卵磷脂，通常粗提取液中含有中性脂肪和卵磷脂，两者浓缩后通过离心进行分离，下层为卵磷脂。新提取的卵磷脂为白色蜡状物，遇空气即氧化变成黄褐色，这是其中不饱和脂肪酸被氧化所致。卵磷脂的胆碱基在碱性溶液中可以分解为三甲胺，三甲胺有特异的鱼

腥味，可用于鉴别。

一、实验目的

学习蛋黄中卵磷脂的提取方法；了解卵磷脂的性质。

二、实验原理

利用卵磷脂与蛋白质在乙醚中溶解性的差别进行分离。

三、实验仪器及药品

仪器：磁力搅拌器，离心机，150 mL 锥形瓶，锥形漏斗，真空干燥箱，蒸馏装置，水浴锅，试管。

药品：蛋黄，花生油，乙醚，10% NaOH 溶液，棉花。

四、实验步骤

1. 提取粗卵磷脂

取 15 g 生鸡蛋黄置于 150 mL 锥形瓶中，加入 40 mL 乙醚，放入磁子，室温搅拌 15 min 提取卵磷脂。

2. 分离卵磷脂

提取液静置 30 min，上层清液用带棉花塞的漏斗过滤，残渣再加入 15 mL 乙醚提取，合并提取液，真空干燥器中减压干燥 30 min 除去乙醚，得到约 5 g 粗提取物，进行离心（4000 r/min）10 min，下层为卵磷脂[1]。

3. 鉴定卵磷脂

取 0.1 g 提取物于试管内，加入 2 mL 10% 氢氧化钠溶液，水浴加热数分钟，小心轻嗅是否有鱼腥味，以确定是否是卵磷脂。

4. 卵磷脂表面活性性质实验

两支试管中各加入 3～5 mL 水，一支加卵磷脂少许，溶解后滴加 5 滴花生油，另一支不加卵磷脂只加 5 滴花生油，试管加塞后用力振摇，使花生油分散，观察比较两支试管内的乳化状态。

五、注意事项

[1] 离心试管必须对称地放入离心机的试管套中，一定要等离心机停止运转后才能够取出试管。

六、思考题

(1) 卵磷脂与一般脂肪在结构上有什么不同？在性质上有什么不同？

(2) 为什么本实验的提取液用棉花过滤而不用减压过滤？

实验36 2,4-D丁酯的合成

2,4-D丁酯也称为2,4-滴丁酯，化学名为2,4-二氯苯氧乙酸丁酯，英文名为2,4-D butyl ester，其纯品为无色油状透明液体，沸点为146～147 ℃/133.3 Pa，相对密度为1.2428。易溶于多种有机溶剂，难溶于水，挥发性强。对酸、热稳定，遇碱分解为2,4-滴钠盐及丁醇。

2,4-D丁酯是属苯氧乙酸类激素性选择性除草剂，具有较强的内吸传导作用的除草剂，药效高，在很低浓度下(<0.01%)即能抑制植物的正常生长发育，出现畸形，直至死亡。主要用于苗后茎叶处理，展着性好，渗透性强，易进入植物体内，不易被雨水冲刷，毒性低，对人畜安全。主要防除禾本科作物田中单子叶杂草、莎草及某些恶性杂草，对棉花、大豆、马铃薯等有药害。主要适用于小麦、大麦、青稞、玉米、高粱等禾本科作物田及禾本科牧草地，防除播娘蒿、藜、蓼、芥菜、离子草、繁缕、反枝苋、葎草、问荆、苦荬菜、刺儿菜、苍耳、田旋花、马齿苋等阔叶杂草，对禾本科杂草无效。

2,4-D丁酯结构式如下：

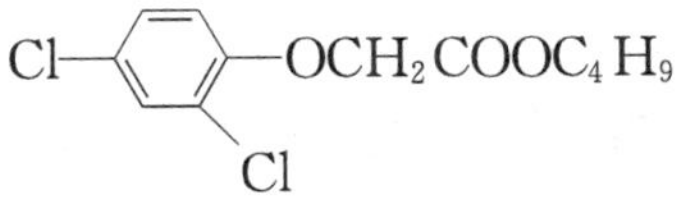

分子式为$C_{12}H_{14}Cl_2O_3$；相对分子质量为277.14。

一、实验目的

学习除草剂2,4-D丁酯的性质、合成方法与原理；学习掌握液体干燥与机械搅拌操作技术。

二、实验原理

2,4-二氯苯酚与氯乙酸钠反应生成2,4-二氯苯氧乙酸钠，产物经酸化后成2,4-二氯苯氧乙酸，2,4-二氯苯氧乙酸再与正丁醇反应生成2,4-D丁酯。反应式如下：

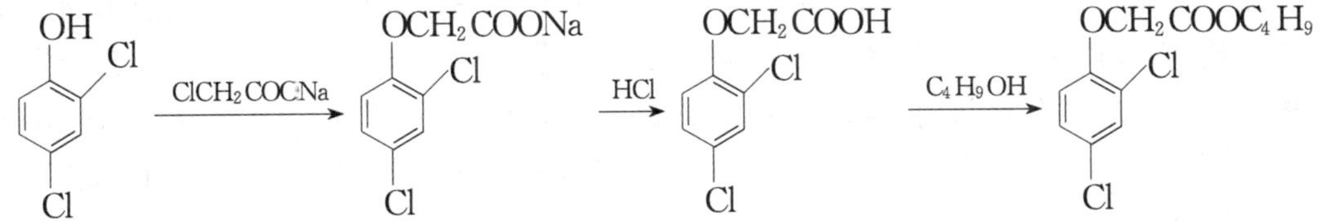

三、实验仪器及药品

仪器：电动搅拌器，三口烧瓶，直形冷凝管，球形冷凝管，滴液漏斗，布氏漏斗，抽滤瓶，温度计，锥形瓶，烧杯，量筒，尾接管，蒸馏头。

药品：2,4-二氯苯酚，氢氧化钠，氯乙酸钠，正丁醇，无水硫酸镁，乙酸乙酯，无水乙醇盐酸，浓硫酸，硅油。

四、实验步骤

(1) 在带有机械搅拌、温度计、回流冷凝管的250 mL三口烧瓶中，加入4.08 g 2,4-二氯苯酚(0.025 mol)，滴加30% NaOH溶液至pH=11，且2,4-二氯苯酚完全溶解[1]，滴加2.84 g

氯乙酸钠(0.03 mol)溶液(3 mL 水)，升温至 105 ℃，搅拌回流反应 2 h 左右(pH 下降为 8 左右)。

(2) 冷却至 50～60 ℃，用稀盐酸调节 pH ＝ 1，抽滤、水洗、干燥、称量。

(3) 圆底烧瓶中加入 7.4 g 正丁醇(0.10 mol)，搅拌下加入 3 g 2,4-二氯苯氧乙酸(0.014 mol)，然后加入 3.5 mL 浓硫酸，升温至 90～95 ℃，反应 3 h。

(4) 停止反应，冷却至室温，用 30% Na_2CO_3 调节 pH ＝ 4～5，乙酸乙酯萃取，分液漏斗分出有机相，水洗，无水硫酸镁干燥。

(5) 蒸馏除去溶剂即得淡棕色液体产品 2,4-D 丁酯[2]，称量并计算产率。

五、注意事项

[1] 2,4-二氯苯酚的熔点较低，温度高于 50 ℃时便会溶解，所以其与氢氧化钠溶液的反应温度应低于 50 ℃。溶剂的用量以刚好溶解 2,4-二氯苯酚为准，可稍微过量。

[2] 保证反应用的各玻璃器皿干燥。

六、思考题

(1) 在合成的 2,4-D 丁酯粗产品中，可能含有哪些副产物？这些副产物对下一步反应即 2,4-D 丁酯的合成有什么影响？

(2) 在 2,4-D 丁酯的合成过程，浓硫酸的加入起到什么作用？为什么要缓慢地加入浓硫酸？

实验 37　二苯基碳酰二肼的合成及应用

二苯基碳酰二肼又称二苯胺基脲，英文简称为 DPCI；熔点为 168～171℃，白色结晶性粉末；微溶于水，溶于热醇、丙酮，不溶于乙醚，在空气中渐变红色，须避光储存。

二苯基碳酰二肼主要应用于比色测定铬、汞、铅，测定重铬酸盐的氧化还原指示剂，汞量法测定氯化物和氰化物的吸附指示剂，测定镉、铜、铁、钼和钒等。其与 CrO_4^{2-} 的反应机理至今还不完全清楚，有人认为是二苯基碳酰二肼由 CrO_4^{2-} 氧化为二苯缩氨基脲，后者再与 Cr^{3+} 形成络合物。所形成的络合物阳离子与 Cl^- 结合成离子对，可为戊醇萃取。对测定铬(Ⅵ)几乎是特效的，Cu^{2+}、Fe^{2+}、Hg^+、Hg^{2+}、Se^{4+} 和 TcO_4^- 与试剂反应的原理类似于 CrO_4^{2-} 的反应，即氧化也还可用于测定 Cu^{2+}、CrO_4^{2-}、Fe^{3+}、、Hg^{2+}、MnO_4^{2-}、VO_3^- 和 H_2O_2。

二苯基碳酰二肼结构式如下：

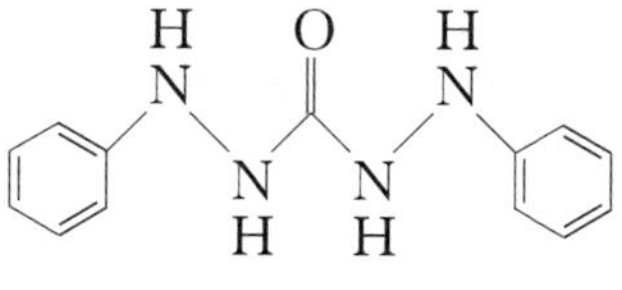

分子式为 $C_{13}H_{14}N_4O$；相对分子质量为 242.28。

一、实验目的

学习并掌握二苯基碳酰二肼的性质、合成方法及合成过程中的注意事项；学习掌握分光光度法测定水溶液中铬离子浓度。

二、实验原理

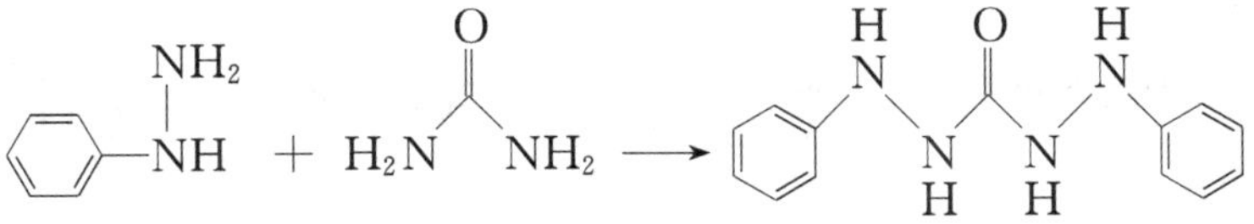

在酸性溶液中，六价铬与二苯基碳酰二肼反应生成紫红色络合物，在540 nm波长下有特定吸收峰，用分光光度法测定OD值，检测水溶液中铬离子的含量。

三、实验仪器及药品

仪器：50 mL单口烧瓶，回流冷凝管，集热式恒温磁力搅拌器，10 mL量筒，天平，布氏漏斗，水泵，剪刀，抽滤瓶，干燥管，紫外-可见分光光度计。

药品：苯肼，尿素，氯化钙，二甲苯，丙酮，乙醇，乙酸，氢氧化钠溶液(0.11 mol/ L)，酚酞溶液(φ=1% 乙醇溶液)，硫酸溶液[硫酸∶水(V/V)= 1∶1]，磷酸溶液[磷酸∶水(V/V) = 1∶1]，硫酸锌溶液(8 g/ L)，铬(Ⅵ) 标准工作溶液(1100 μg/ mL)。

四、实验步骤

1. 二苯基碳酰二肼的合成

将2 mL苯肼(2.16 g，20 mmol)、0.6 g尿素(10 mmol)加入含有5 mL二甲苯溶液的50 mL单口烧瓶中，加热升温至140 ℃，回流反应3 h。停止反应，冷却至室温，加入冰水搅拌后，抽滤并水洗，即可得到淡黄色固体粗品。再用乙醇和少许乙酸的混合酸溶剂溶解，迅速冷却重结晶，过滤后用乙醇再泡洗一次，滤干即得到白色固体产品，称量并计算产率。

2. 分光光度计法测定水溶液中铬离子浓度

1) 制作标准曲线

配制2 g/ L显色剂溶液：称取0.12 g二苯基碳酰二肼，溶于50 mL丙酮中，加水稀释至100 mL，储于棕色瓶中，冷藏。

在50 mL比色管中分别加入系列铬(Ⅵ) 标准工作溶液，按国家标准方法进行预处理后，向溶液中加入1滴酚酞指示剂，滴加氢氧化钠溶液至浅红色，分别向每支比色管中加入0.5 mL磷酸溶液[磷酸∶水(V/V)=1∶1]，摇匀后，加入2 mL显色剂溶液，用水定容至50 mL，摇匀，放置10 min[1]。于分光光度计540 nm波长处，用3 cm比色皿，以水作参比，测量吸光度并做空白校正，绘制吸光度对铬(Ⅵ)含量的工作曲线。

2) 测定样品

取适量预处理后的水样(处理步骤见国家标准方法)置于50 mL比色管中，加1滴酚酞指示剂，用氢氧化钠溶液滴至浅红色，加入0.5 mL磷酸溶液[磷酸∶水(V/V)=1∶1]，摇匀，加入2 mL显色剂溶液，用水定容至刻度，摇匀，放置10 min。于分光光度计540 nm波长处，用3 cm比色皿，以水作参比，测量吸光度并做空白校正，根据吸光度可从工作曲线上查出铬(Ⅵ)的量。

五、注意事项

[1] 二苯基碳酰二肼与铬反应时，温度和放置时间对显色都有影响。15 ℃时颜色最稳定，

显色后 2～3 min 颜色可达最深，15 min 显色稳定，1 h 后有明显褪色。

六、思考题

在吸光度测定中将磷酸[磷酸：水(*V*/*V*)＝1：1]改为硫酸[硫酸：水(*V*/*V*)＝1：1]会对结果有何影响？

实验 38　伏虫脲的合成

伏虫脲又名除虫脲、农梦特，化学名为 1-(4-氯苯基)-3-(2,6-二氟苯甲酰基)脲，英文名为 teflubenzuron，是由荷兰的 Philips Duphar 公司开发的苯甲酰脲类昆虫生长调节剂。纯品为白色结晶，熔点为 230～232 ℃，不溶于水，略溶于丙酮、环己酮。

伏虫脲属于苯甲酰脲类昆虫生长调节剂，具有胃毒和触杀作用，可有效防治多种食叶幼虫和潜蛾科害虫。对昆虫的作用机理为通过抑制几丁质的合成达到杀虫的目的，主要应用于果树、蔬菜、棉花等作物，防治双翅目、鞘翅目、鳞翅目等的幼虫处理。

伏虫脲结构式如下：

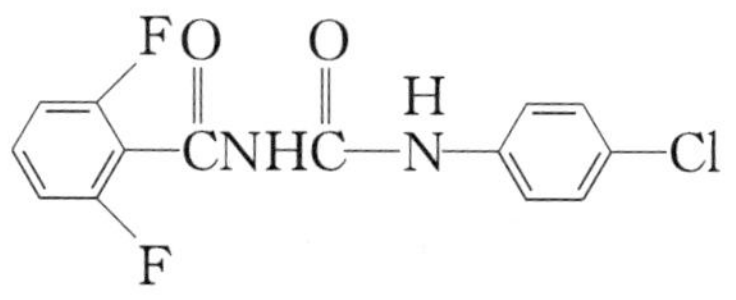

分子式为 $C_{14}H_9ClF_2N_2O_2$；相对分子质量为 310.68。

一、实验目的

学习杀虫剂伏虫脲的性质及其合成方法与原理；学习并掌握无水操作的技术与注意事项。

二、实验原理

2,6-二氟苯甲酰胺与草酰氯反应生成 2,6-二氟苯甲酰基异氰酸酯，2,6-二氟苯甲酰基异氰酸酯再与对氯苯胺反应生成目标产物 1-(4-氯苯基)-3-(2,6-二氟苯甲酰基)脲，具体反应式如下：

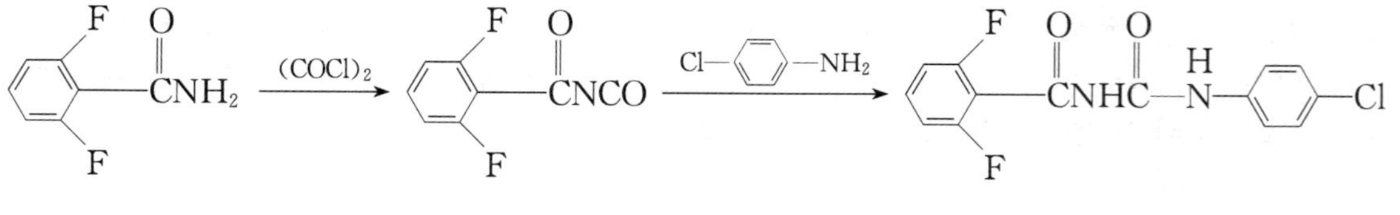

三、实验仪器及药品

仪器：双口圆底烧瓶，球形冷凝管，U 形干燥管，集热式恒温磁力搅拌器，直形冷凝管，尾接管，天平，滤纸，布氏漏斗，水泵，抽滤瓶。

药品：2,6-二氟苯甲酰胺，草酰氯，甲苯，无水氯化钙，对氯苯胺，丙酮。

四、实验步骤

(1) 在带有 U 形干燥管、温度计、回流冷凝管的 250 mL 双口烧瓶中[1]，加入 3.14 g

2,6-二氟苯甲酰胺(0.02 mol)，使之均匀悬浮于 10 mL 甲苯中，在冰浴条件下向其中缓慢滴加草酰氯的甲苯溶液(10 mL 草酰氯、5 mL 甲苯)，滴加完毕，缓慢升温至 70～75 ℃，持续搅拌3～5 h。

(2) 蒸馏除去过量的草酰氯及溶剂甲苯[2]，得到清亮的溶液，即为中间体 2,6-二氟苯甲酰基异氰酸酯，该中间体直接用于下一步反应。

(3) 在室温条件下，将上述中间体 2,6-二氟苯甲酰异氰酸酯缓慢滴入 1.27 g 对氯苯胺(0.01 mol)的丙酮(10 mL)溶液中，持续反应约 10 min。结束反应，过滤收集析出的晶体，并用石油醚洗涤，即可得到目标产物伏虫脲粗品，称量并计算产率。

五、注意事项

[1] 该反应所有仪器必须保持干燥，并且配备氯化钙干燥管。

[2] 在蒸馏过程中，反应液由澄清变为浑浊，最后再变为澄清液。

六、思考题

在 2,6-二氟苯甲酰基异氰酸酯的合成过程中，有哪些注意事项？该反应过程中又存在哪些副反应？应该怎样避免？

实验 39　甲霜灵的合成

甲霜灵又名阿普隆、保种灵、雷多米尔、氨丙灵、瑞毒霉等，化学名为 D,L-*N*-(2,6-二甲基苯基)-*N*-(2-甲氧基乙酰)丙氨酸甲酯，英文名为 metalaxyl。纯品为白色粉末，熔点为 72～73 ℃。具有微弱挥发性，在中性及弱酸性条件下较稳定，遇碱易分解。不易燃、不爆炸、无腐蚀性。

甲霜灵是核糖体 RNA Ⅰ 的合成抑制剂，属于低毒、内吸性杀菌剂，具有保护和治疗作用，有双向传导性能，对霜霉病菌、疫霉病菌和腐病菌引起的多种作物霜霉病、瓜果蔬菜类的疫霉病、谷子白发病有效，持效期 10～14 天，土壤处理持效期可超过 2 个月。也可用作烟草、橡胶树、葡萄、啤酒花、瓜果、蔬菜等的杀菌剂。

甲霜灵结构式如下：

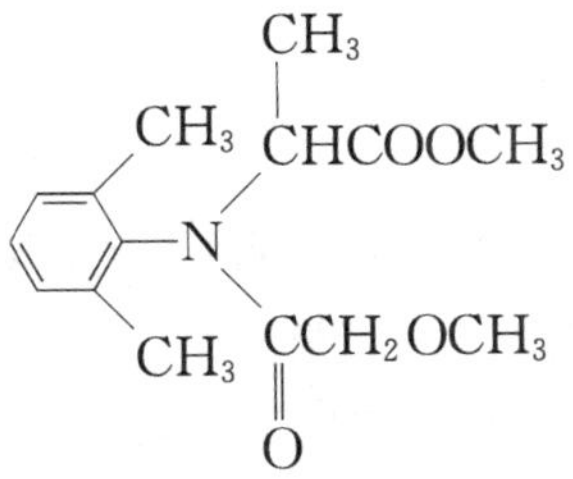

分子式为 $C_{13}H_{17}NO_4$；相对分子质量为 251.28。

一、实验目的

学习杀菌剂甲霜灵的合成方法；熟悉萃取、液体干燥和蒸馏等操作技术。

二、实验原理

2,6-二甲基苯胺与 2-溴丙酸甲酯反应生成 *N*-丙酸甲酯-2,6-二甲基苯胺，*N*-丙酸甲酯-2,

6-二甲基苯胺再与甲氧基乙酰氯反应生成目标产物甲霜灵，具体反应式如下：

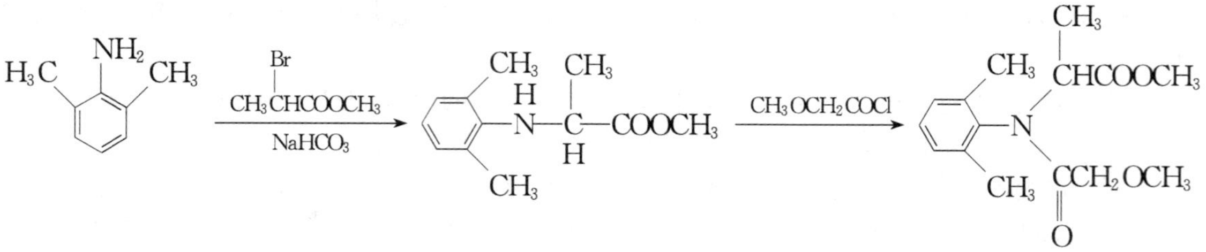

三、实验仪器及药品

仪器：150 mL 双口圆底烧瓶，回流冷凝管，分液漏斗，集热式磁力搅拌器，电热套，直形冷凝管，尾接管，天平，布氏漏斗。

药品：2,6-二甲基苯胺，2-溴丙酸甲酯，碳酸氢钠，甲氧基乙酰氯，碳酸钾，乙腈，二氯甲烷，无水硫酸镁。

四、实验步骤

向带有球形回流冷凝管、温度计的 150 mL 双口圆底烧瓶中加入 6.3 g 2,6-二甲基苯胺(0.052 mol)、8.67 g 2-溴丙酸甲酯(0.052 mol)、8.4 g 碳酸氢钠溶液(0.1 mol)(浓度 10%)和 *N*,*N*-二甲基甲酰胺 20 mL，搅拌下加热升温至 90～95 ℃，搅拌反应 2 h 左右。停止反应，将反应液冷却后倒入分液漏斗中，加入 40 mL 二氯甲烷中进行萃取，有机层用水洗 4～5 次，除去 *N*,*N*-二甲基甲酰胺，随后用无水硫酸镁干燥[1]，蒸馏脱去溶剂，即得到中间体 *N*-丙酸甲酯-2,6-二甲基苯胺粗品。

向带有球形回流冷凝管、温度计的双口圆底烧瓶中加入 2.07 g *N*-丙酸甲酯-2,6-二甲基苯胺(0.01 mol)、1.2 g 甲氧基乙酰氯(0.011 mol)、2.76 g 碳酸钾(0.02 mol)和乙腈 20 mL，搅拌下加热回流反应 4 h 左右。停止反应，将反应液冷却，静置分层，分出有机层，二氯甲烷萃取水层，合并有机相，无水硫酸钠干燥，蒸馏脱去溶剂，得到目标产物甲霜灵粗品。

五、注意事项

[1] 要充分干燥。

六、思考题

(1) *N*-丙酸甲酯-2,6-二甲基苯胺的合成过程中，有哪些副反应？为什么 2,6-二甲基苯胺在反应中要过量？能不能让 2-溴丙酸甲酯过量？

(2) 脱溶得到的甲霜灵粗品可以通过什么方法提纯？这些方法提纯的优缺点各是什么？

实验 40　一锅法合成驱蚊剂 *N*,*N*-二乙基间甲基苯甲酰胺

N,*N*-二乙基间甲基苯甲酰胺(*N*,*N*-diethyl-3-methyl-benzamide)是许多市售驱虫剂的主要活性成分，英文缩写名为 DEET 或 DETA。商品名避蚊胺，本品为无色或淡黄色液体，溶于水、醇、醚，它对蚊子、跳蚤、沙蚤、扁虱、牛虻、白蛉虫等多种虫子有驱逐作用，对大白鼠急性口服 LD_{50} 为 2000 mg/kg，对人畜无害，是一种高效、广谱、安全的昆虫信息素驱蚊剂。研究表明

蚊虫可通过空气中二氧化碳浓度的增加而感知寄主的存在，并沿着暖湿的气流飞向寄主，N，N-二乙基间甲基苯甲酰胺能干扰蚊虫对寄主的定位。

N，N-二乙基间甲基苯甲酰胺通常使用间甲基苯甲酸与 $SOCl_2$ 生成间甲基苯甲酰氯后，再与二乙胺反应得到，但 $SOCl_2$ 的使用会产生 SO_2 和 HCl 等废气，对环境不利，本实验用一锅法合成 N，N-二乙基间甲基苯甲酰胺。

一、实验目的

学习使用固体光气合成驱蚊剂 N，N-二乙基间甲基苯甲酰胺的操作技术；学习无水操作及气体吸收技术。

二、实验原理

间甲基苯甲酸与固体光气反应生成间甲基苯甲酰氯，间甲基苯甲酰氯再与二乙基胺反应生成 N，N-二乙基间甲基苯甲酰胺。反应式如下：

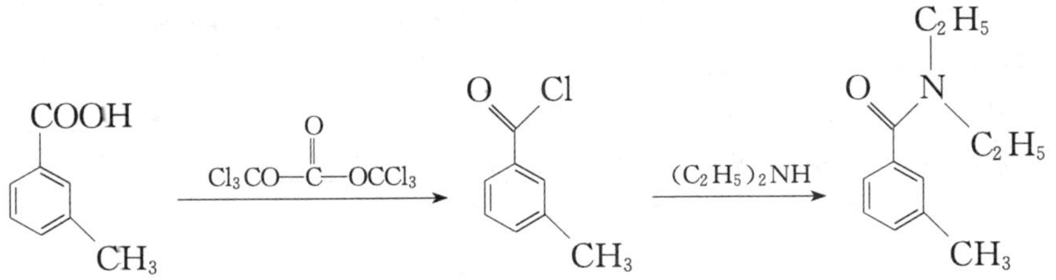

三、实验仪器及药品

仪器：100 mL 三口烧瓶，250 mL 分液漏斗，100 mL 烧杯，10 mL、50 mL 量筒，集热式恒温磁力搅拌器，滴液漏斗，温度计，球形冷凝管，干燥管，气体吸收装置，天平，滤纸，剪刀，pH 试纸。

药品：间甲基苯甲酸，固体光气，二氯甲烷，二乙胺，无水氯化钙，盐酸，氢氧化钠，氯化钠，无水硫酸镁。

四、实验步骤

(1) 在装有磁子的干燥三口烧瓶上安装滴液漏斗和球形冷凝管，冷凝管上口安装干燥管，干燥管尾部接尾气吸收装置[1]。向烧瓶中加入间甲基苯甲酸(1.36 g，0.01 mol)和固体光气(1.09 g，0.0037 mol)，再加入 20 mL 二氯甲烷作为反应溶剂，0～5 ℃冰浴搅拌下缓慢滴加吡啶(2 mL，0.025 mol)，滴加完毕后，缓慢升温至室温，搅拌反应 3 h，随后再滴加二乙胺 1.4 mL (1.02 g，0.014 mol)[2]和 5 mL 二氯甲烷混合液，约 30 min 滴加完毕，继续搅拌反应 2 h。

(2) 反应结束后，将反应液转入分液漏斗中，依次用水、1 mol/L 的氢氧化钠溶液、1 mol/L 的盐酸溶液、饱和食盐水洗涤至中性，得到的有机相用无水硫酸镁干燥，过滤。

(3) 滤液进行普通蒸馏除去二氯甲烷，得驱蚊剂粗品。

五、注意事项

[1] 用于制备实验的全部仪器均需充分干燥。

[2] 固体光气遇水会剧烈反应放出 HCl 气体，暴露于空气中会吸潮而冒烟，所以应在通风橱中取用，所用仪器必须干燥，取用后立即加盖密封，操作时应谨慎，切勿触及皮肤。二乙胺

也具有毒性和腐蚀性，且易挥发(沸点为 56 ℃)。

六、思考题

(1) 在本实验中为什么用过量的二乙胺？

(2) 用什么方法检验合成产品 N,N-二乙基间甲基苯甲酰胺的纯度？

实验 41　氯化胆碱的合成

氯化胆碱又名氯化胆脂，也称为增蛋素。化学名为 2-羟乙基三甲基氢氧化胆碱，英文名为 choline chloride。熔点为 302～305 ℃，吸湿性晶体，易溶于水及醇类，水溶液几乎呈中性，不溶于醚、石油醚、苯及二硫化碳。微有鱼腥臭、咸苦味，易潮解，在碱溶液中不稳定。

氯化胆碱还是一种植物光合作用促进剂，对增加产量有明显的效果。小麦、水稻在孕穗期喷施可促进小穗分化，多结穗粒，灌浆期喷施可加快灌浆速度，穗粒饱满，千粒质量增加 2～5 g。也可用于玉米、甘蔗、甘薯、马铃薯、萝卜、洋葱、棉花、烟草、蔬菜、葡萄、芒果等增加产量，在不同气候、生态环境条件下效果稳定；块根等地下部分生长作物在膨大初期每亩用 60% 水剂 10～20 mL(有效成分 6～12 g)，加水 30 L 稀释(1500～3000 倍)，喷施两三次，膨大增产效果明显；观赏植物杜鹃花、一品红、天竺葵、木槿等调节生长；小麦、大麦、燕麦抗倒伏。

氯化胆碱结构式如下：

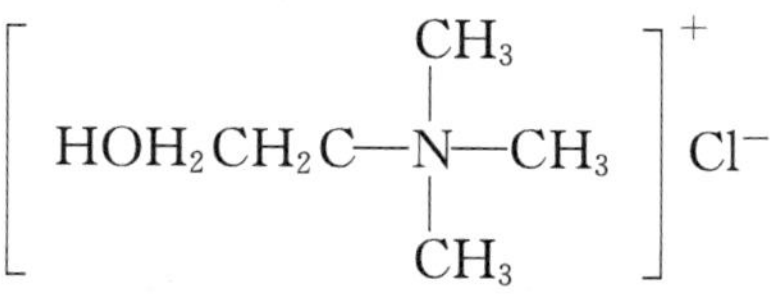

分子式为 $C_5H_{14}ClNO$；相对分子质量为 139.63。

一、实验目的

学习并掌握氯化胆碱的合成方法与原理；学习并掌握旋转蒸发仪的操作技术及原理。

二、实验原理

氯乙醇与三甲胺水溶液直接反应生成目标产物，具体反应式如下：

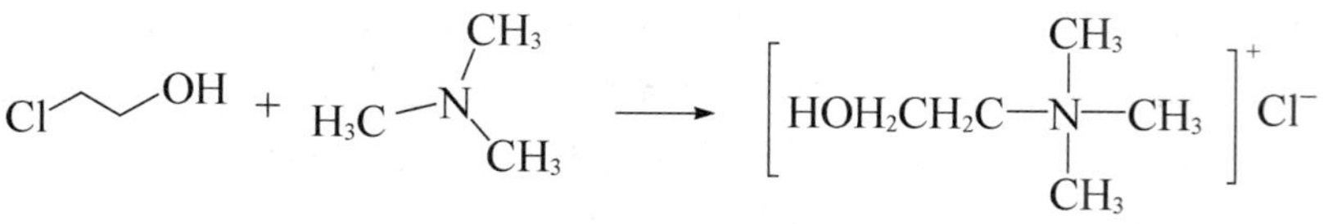

三、实验仪器及药品

仪器：100 mL 三口圆底烧瓶，集热式恒温磁力搅拌器，回流冷凝管，温度计，恒压滴液漏斗，10 mL、50 mL 量筒，100 mL 单口烧瓶，电子天平。

药品：三甲胺水溶液(≥33%)，氯乙醇，无水乙醇，氢氧化钠。

四、实验步骤

(1) 在装有恒压滴液漏斗、回流冷凝管、温度计的 100 mL 三口烧瓶中加入 6.7 mL (0.10 mol)氯乙醇、0.1 g 氢氧化钠[1]，再加入 30 mL 蒸馏水，放在磁力搅拌器上，开动搅拌，外用水浴加热，加热至 30 ℃，开始滴加 19.7 g(0.11 mol) 三甲胺溶液，滴加时间约为 20 min，加完后于 50 ℃反应 4 h 左右。

(2) 然后将反应瓶内的物料转入单口磨口烧瓶内，利用旋转蒸发仪进行减压蒸馏，蒸干。

(3) 再向烧瓶内加入 20 mL 无水乙醇，搅拌溶解后，抽滤，用少量无水乙醇洗涤滤饼两次(滤饼为氯化钠)，利用旋转蒸发仪将滤液蒸干，于 50～60 ℃干燥，得成品，称量。

五、注意事项

[1] 反应液中不加入氢氧化钠直接反应，收率较低，只有 50% 左右，重结晶后，收率只有 10% 左右。强碱可以提高收率。

六、思考题

氯化胆碱的生产中有哪些注意事项？“三废”是什么？应该如何处理？

主要参考文献

陈长水．1998. 微型有机化学实验. 北京：化学工业出版社

陈长水. 2009. 有机化学. 2 版. 北京：科学出版社

陈锋，王宏光. 2013. 有机化学实验. 北京：冶金工业出版社

崔玉民，杨高文. 2003. 氯化胆碱合成工艺的研究. 化学反应工程与工艺，19(2)：155-158

杜登学，马万勇. 2007. 基础化学实验简明教程. 北京：化学工业出版社

杜莉萍，商金玲，王大明，等. 2013. 薄层色谱法分离菠菜色素及胡萝卜素含量测定. 分子科学学报，29(10)：84

傅春玲. 2000. 有机化学实验. 杭州：浙江大学出版社

郝卫东，孙国建，赵胜芳. 2008. 菠菜叶中色素成分的分离和鉴定. 黄冈师范学院学报，28(3)：38-39

贾娴，游松，王昱. 2011. 异丙基-1-硫-β-D-吡喃型葡萄糖苷的合成. 中国药物化学杂志，11(6)：347-348

江洪，崔燕，方利，等. 2007. N-硝基-2，4，6-三硝基苯基脲的合成及生物活性研究. 有机化学，27(12)：1590-1593

李婷婷，马松涛，冯云，等. 2010. 不同溶剂提取肉桂挥发油中肉桂醛的含量比较. 药物研究，19(24)：22-23

李艳，戴芸. 2010. 综合性化学实验：从肉桂皮中提取肉桂醛的研究．咸宁学院学报，30(60)：87-88

林深，王世铭. 2009. 大学化学实验. 北京：化学工业出版社

刘汉兰，陈浩，文利柏. 2009. 基础化学实验. 2 版. 北京：科学出版社

石炜，李宜航，徐作满，等. 2013. 1，4-二苯基- 1，3-丁二炔的温和条件合成及分离. 广州化工，41(8)：212-214

孙才英，于朝生. 2012. 有机化学实验. 哈尔滨：东北林业大学出版社

唐玉海. 2010. 有机化学实验. 北京：高等教育出版社

王京，静平，武丽艳. 2007. 驱蚊剂 DETA 的合成改进. 第四届全国化学与化工技术学术研讨会

王陆瑶，孟东，李璐，等. 2012. Fischer 投影式和 Newman 投影式的相互转换及在立体化学中的应用水. 首都师范大学学报(自然科学版)，33(6)：34-38

王文渊，韩立路，张芸兰，等. 2012. 橘皮柠檬烯的研究与应用进展. 精细与专用化学品，20(50)：46-50

王小永，刁锡华. 1996. 除虫脲的特性与合成. 河北轻化工学院学报，17(3)：62-66

郗英欣，白艳红. 2014. 有机化学实验. 西安：西安交通大学出版社

向乾坤，赵秀琴，何自强. 2012. 基于水蒸气蒸馏法提取橙子皮柠檬烯的影响因素研究. 北方园艺，(18)：46-48

许招会，廖维林，黄宜祥，等. 2006. 对氨基苯磺酸催化合成肉桂醛缩乙二醇. 精细石油化工，23(4)：16-18

薛艳，赖小伟. 2009. 改进茶叶中提取咖啡因的有效方法. 河南师范大学学报(自然科学版)，37(4)：161-163

杨聪聪，常宏宏，李兴，等. 2013. D-葡萄糖五乙酸酯的催化合成研究进展. 化工进展，32(9)：2150-2155

杨伟，薛英. 1994. 甲霜灵的合成新方法. 农药，33(3)：6

尤铁学，王楠. 2006. 二苯碳酰二肼分光光度法测定水中铬(Ⅵ)的改进. 冶金分析，26(6)：83-84

游力书，范俊源，贾永辉. 1994. 氨基酸纸层析和纸电泳分析的新改进. 化学通报，3：34-35

于登博，张平南. 2000. 除虫脲合成研究. 农药，39(3)：16

袁春桃. 2011. 有机化学中构型异构的教学探讨. 当代教育理论与实践，3(9)：174-176

张万明. 2007. 自茶叶中提取咖啡因实验教学探索与研究. 化学教育，28(1)：51-52

赵剑英，孙桂滨. 2009. 有机化学实验. 北京：化学工业出版社

郑白玉，牛新华，荣先国，等. 2006. 氨基酸纸上电泳实验技术和操作. 实验室研究与探索，25(80)：918-919

周峰，籍保平，李博，等. 2006. 肉桂油有效成分提取、纯化及鉴定研究食品科学，27(4)：59-61

Lei Z，Chai X Y，Wang B G，et al. 2013. Design synthesis and biological evaluation of azithromycin glycosyl derivatives as potential antibacterial agents. Bioorganic & Medicinal Chemistry Letters，23(18)：5057-5060

Pasha M A，Madhusudana R M. B. 2009. Efficient method of synthesis of N，N′-disubstituted ureas/thioureas by a zinc chloride catalyzed thermal reaction. Synthetic Communications，39：2928-2934

附　　录

附录 1　实验常用仪器成套装置图

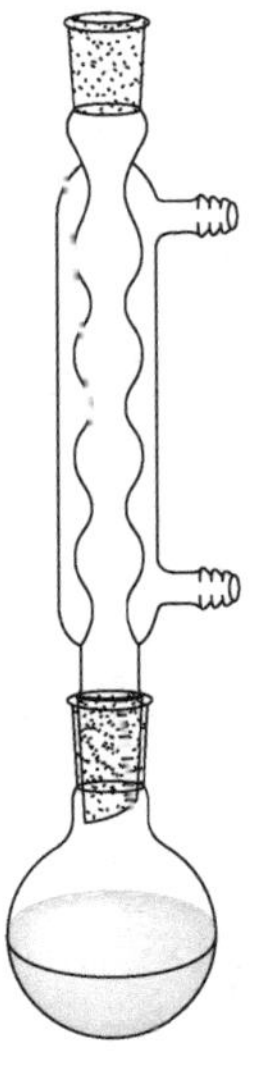

附图 1-1　回流装置图

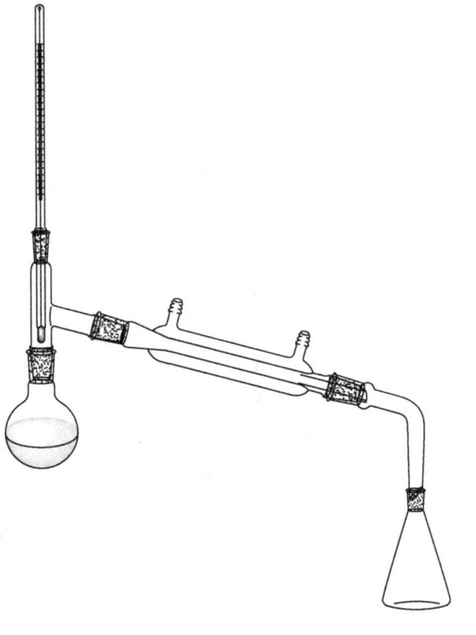

附图 1-2　普通蒸馏装置图

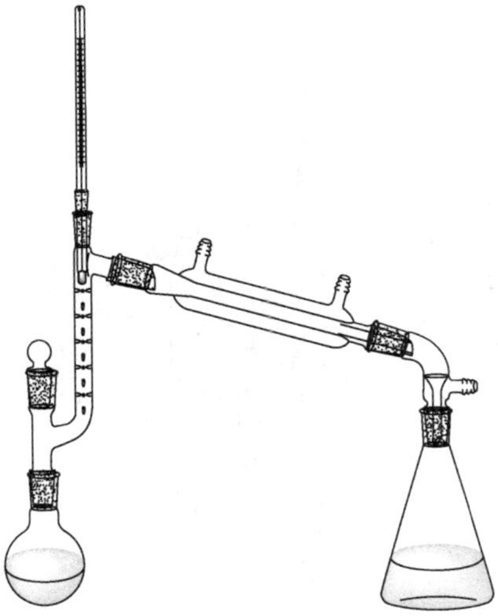

附图 1-3　分馏装置图

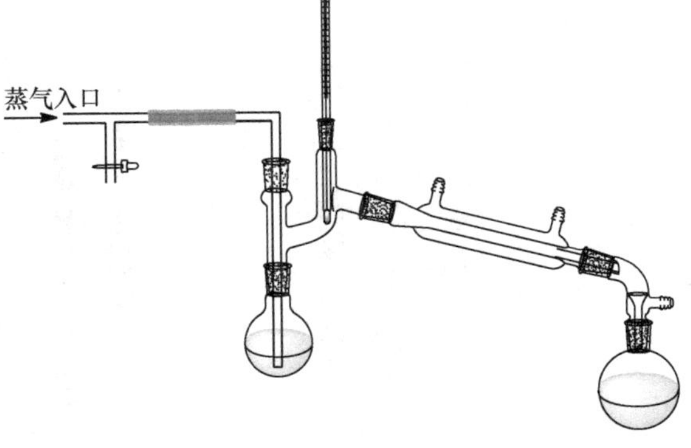

附图 1-4　水蒸气蒸馏装置图

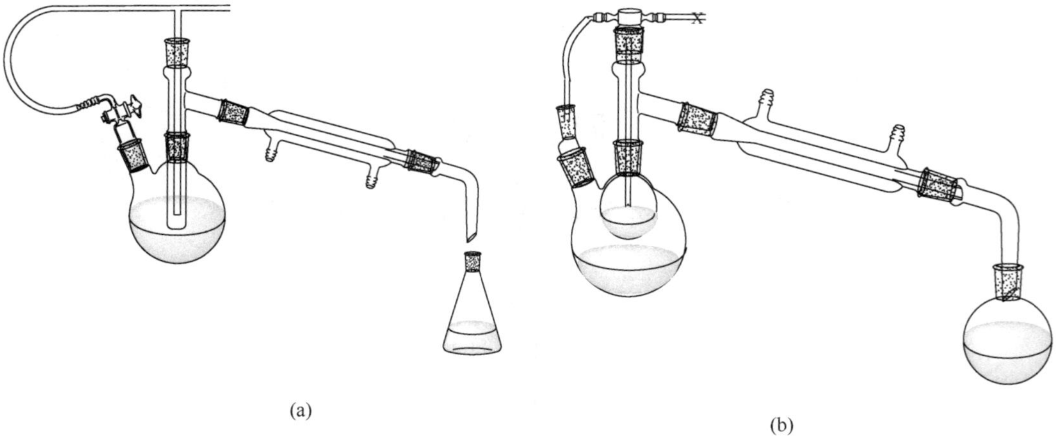

附图 1-5　两种微型水蒸气蒸馏装置图

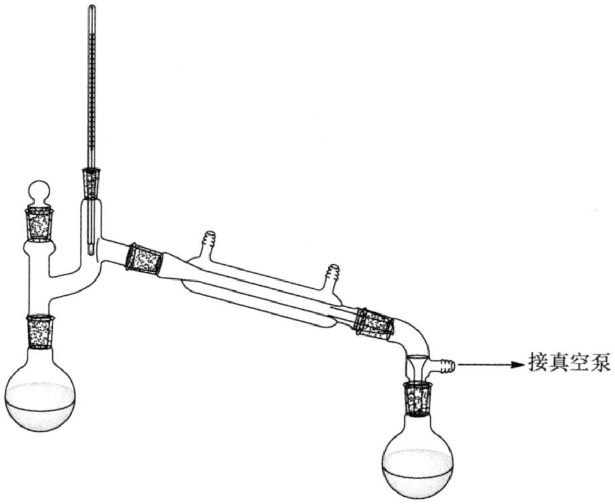

附图 1-6　减压蒸馏装置图

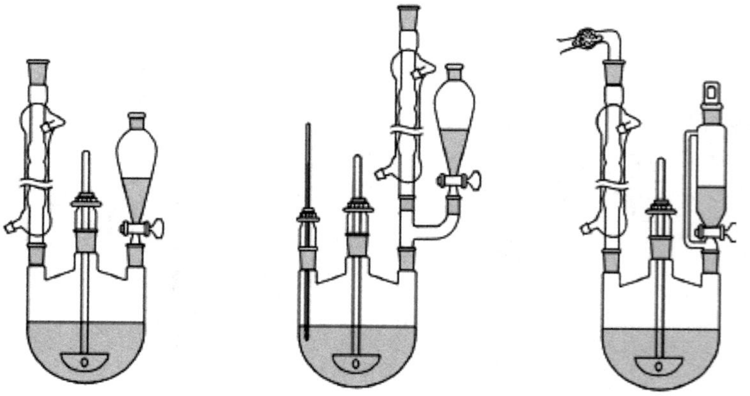

附图 1-7　带机械搅拌的反应装置

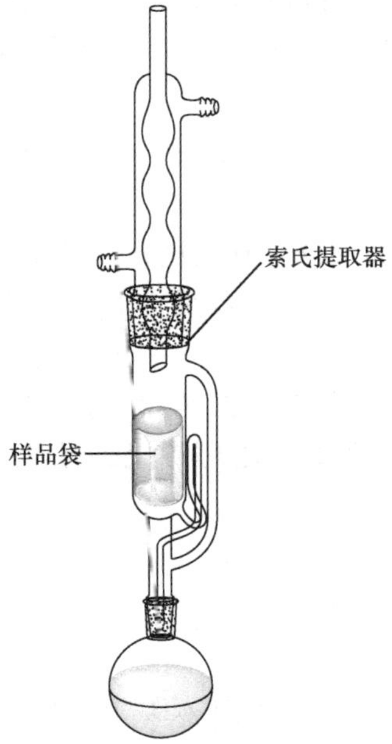

附图 1-8 液-固萃取装置

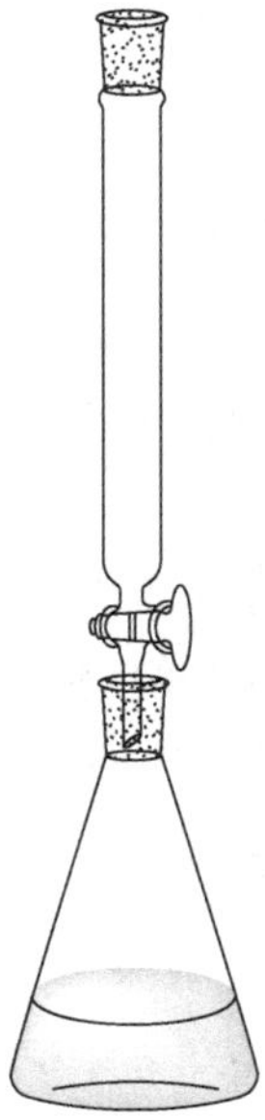

附图 1-9 柱层析装置图

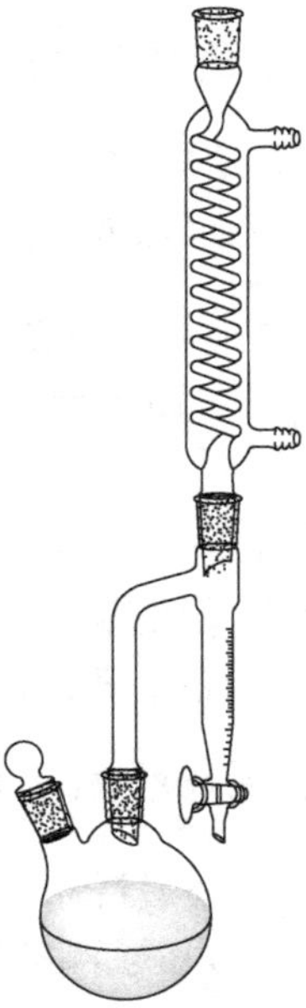

附图 1-10 油水分离装置

附录 2 常用溶剂的纯化方法

市售化学试剂一般分为以下几类：一级品即优级纯，又称保证试剂（符号 G. R.），我国对该类产品用绿色标签作为标志，这种试剂纯度很高，适用于精密分析，也可作基准物质用。二级品即分析纯试剂，又称分析试剂（符号 A. R.），我国对该类产品用红色标签作为标志，纯度较一级品略差，适用于多数分析，如配制滴定液、用于鉴别及杂质检查等。三级品即化学纯（符号 C. P.），我国对该类产品用蓝色标签作为标志，纯度较二级品相差较多，适用于工矿日常生产分析。四级品即实验试剂（符号 L. R.），杂质含量较高，纯度较低，工作中常用作辅助试剂（如发生或吸收气体、配制洗液等）。在化学实验中经常会遇到所用的化学试剂纯度不够，或买不到所需纯度的化学试剂，这就需要在实验室自己对现有的化学试剂进行纯化，以便得到所需纯度的化学试剂。

一、无水甲醇

市售的甲醇（CH_3OH）一般通过合成法制备，纯度可达到 99.85%，其中可能含有极少量的水和丙酮。由于甲醇和水不形成共沸混合物，因此可用高效精馏柱将少量水除去。精制甲醇中含水 0.1% 和丙酮 0.02%，若需含水量低于 0.1%，可用 3 A 分子筛干燥，也可用金属镁处理。甲醇有毒，处理时应避免吸入其蒸气。纯甲醇沸点为 64.7 ℃，n_D^{20} 为 1.3288，d_4^{20} 为 0.7914。

二、乙醇

市售的无水乙醇（CH_3CH_2OH）一般只能达到 99.5% 的纯度。实验室常用生石灰为脱水剂，乙醇中的水与生石灰作用生成氢氧化钙可去除水分，蒸馏后可得含量约 99.5% 的无水乙醇。如需绝对无水乙醇，可用金属钠或金属镁进一步处理，得到纯度可超过 99.95% 的绝对乙醇。

1. 无水乙醇(含量 99.5%)的制备

在 500 mL 圆底烧瓶中，加入 95% 乙醇 200 mL 和生石灰 50 g，放置过夜。装上带有无水氯化钙干燥管的回流冷凝管，在水浴上回流 3 h，再将乙醇蒸出，得含量约 99.5%的无水乙醇。

另外，可利用苯、水和乙醇形成低共沸混合物的性质，将苯加入乙醇中，进行分馏，在 64.9 ℃时蒸出苯、水、乙醇的三元共沸混合物，多余的苯在 68.3 ℃与乙醇形成二元共沸混合物被蒸出，最后蒸出乙醇。工业多采用此法。

2. 绝对乙醇(含量 99.95%)的制备

1) 用金属镁制备

在 250 mL 的圆底烧瓶中，放置 0.6 g 干燥洁净的镁条和几小粒碘，加入 10 mL 99.5% 的乙醇，装上回流冷凝管。在冷凝管上端安装一支氯化钙干燥管，在水浴上加热，注意观察碘周围镁的反应，碘的棕色减退，溶液变浑浊，并伴随着氢气的放出，至碘粒完全消失(如不起反应，可再补加数小粒碘)。然后继续加热，待镁条完全溶解后加入 100 mL 99.5% 的乙醇和几粒沸石，继续加热回流 1 h，改为蒸馏装置蒸出乙醇，所得乙醇纯度可达到 99.95%。反应方程式为

$$(C_2H_5O)_2Mg + 2H_2O \longrightarrow 2C_2H_5OH + Mg(OH)_2$$

2) 用金属钠制备

在 500 mL 99.5% 乙醇中，加入 3.5 g 金属钠，安装回流冷凝管和干燥管，加热回流 30 min后，再加入 14 g 邻苯二甲酸二乙酯或 13 g 草酸二乙酯，回流 2～3 h，然后进行蒸馏。金属钠虽能与乙醇中的水作用，产生氢气和氢氧化钠，但所生成的氢氧化钠又与乙醇发生平衡反应，因此单独使用金属钠不能完全除去乙醇中的水，可加入过量的高沸点酯，如邻苯二甲酸二乙酯与生成的氢氧化钠作用，抑制上述反应，从而达到进一步脱水的目的。反应方程式为

$$2Na + 2C_2H_5OH \longrightarrow 2C_2H_5ONa + H_2$$

$$C_2H_5ONa + H_2O \rightleftharpoons C_2H_5OH + NaOH$$

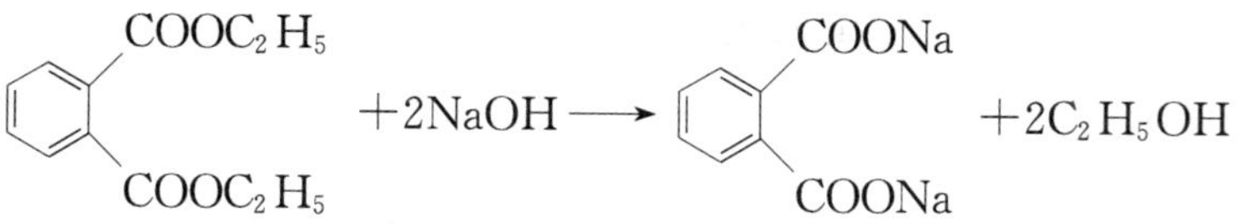

纯乙醇沸点为 78.5 ℃，n_D^{20} 为 1.3611，d_4^{20} 为 0.7893。

三、乙醚

市售的乙醚($CH_3CH_2OCH_2CH_3$)中常含有水、乙醇及少量过氧化物等杂质。实验室常将普通乙醚提纯为无水乙醚。制备无水乙醚，首先要检验有无过氧化物。

(1) 过氧化物的检验与除去。取 0.5 mL 乙醚与 0.5 mL 2% 的碘化钾溶液，滴加几滴稀盐酸，振荡，若淀粉溶液呈紫色或蓝色，即证明有过氧化物存在。除去过氧化物可在分液漏斗中加入普通乙醚和相当于乙醚体积 20% 的新配制的硫酸亚铁溶液，剧烈振荡后分去水层。

(2) 在 250 mL 圆底烧瓶中，放置 100 mL 除去过氧化物的普通乙醚和几粒沸石，装上回

流冷凝管。冷凝管上端通过一带有侧槽的橡皮塞，插入盛有 10 mL 浓硫酸的滴液漏斗。通入冷凝水，将浓硫酸慢慢滴入乙醚中。由于脱水发热，乙醚会自行沸腾。加完后振动反应物。

待乙醚停止沸腾后，拆下回流冷凝管，改成蒸馏装置回收乙醚。在收集乙醚的接引管支管上连一个氯化钙干燥管，并用橡皮管把乙醚蒸气导入水槽。在蒸馏瓶中补加沸石后，水浴加热蒸馏，蒸馏速率不宜太快，以免乙醚蒸气来不及冷凝。收集约 70 mL 乙醚，待蒸馏速率显著下降时，可停止蒸馏。瓶内所剩残液倒入指定的回收瓶中，切不可将水加入残液中(飞溅)。

将收集的乙醚倒入干燥的锥形瓶中，加入少量钠片，然后用带有氯化钙干燥管的软木塞塞住，放置 48 h，使乙醚中残留的少量水和乙醇转化成氢氧化钠和乙醇钠。如不再有气泡逸出，同时钠的表面较好，则可储存备用。如放置后，金属钠表面已全部发生作用，则需重新加入少量钠片直至无气泡发生。这种无水乙醚可符合一般无水要求。纯乙醚沸点为 34.51 ℃，n_D^{20} 为 1.3526，d_4^{20} 为 0.71378。

四、丙酮

市售的丙酮(CH_3COCH_3)含有少量甲醇、乙醛和水等杂质，可用下列方法精制：

在 100 mL 丙酮中加入 0.5 g 高锰酸钾回流，以除去还原性杂质，若高锰酸钾紫色很快消失，需再补加少量高锰酸钾继续回流，直至紫色不再消失，蒸出丙酮。用无水碳酸钾或无水硫酸钙干燥 1 h，过滤，蒸馏，收集 55～56.5 ℃的馏分。纯丙酮沸点为 56.2 ℃，n_D^{20} 为 1.3588，d_4^{20} 为 0.7899。

五、石油醚

石油醚为轻质石油产品，为低级烷烃的混合物，按沸程不同分为 30～60 ℃、60～90 ℃、90～120 ℃、120～150 ℃四类。主要成分为戊烷、己烷、庚烷，此外含有少量不饱和烃、芳香烃等杂质。精制方法：在分液漏斗中加入石油醚及其体积 1/10 的浓硫酸洗涤三次，除去大部分不饱和烃。然后用 10% 硫酸配成的高锰酸钾饱和溶液洗涤，直到水层中紫色消失为止，再经水洗，用无水氯化钙干燥后蒸馏。如需要绝对干燥的石油醚，则需加入钠丝。石油醚为一级易燃液体。大量吸入石油醚蒸气有麻醉症状。

六、苯

市售的苯(C_6H_6)含有少量水(约 0.02%)及噻吩(约 0.15%)。若需无水苯，先要检验噻吩。

(1) 噻吩的检验：取 5 滴苯于试管中，加入 5 滴浓硫酸及 1～2 滴 1% 靛红(浓硫酸溶液)，振荡片刻，如呈墨绿色或蓝色，表示有噻吩存在。

(2) 无噻吩苯可利用噻吩比苯容易磺化的性质。可用相当于苯体积 15% 的浓硫酸洗涤数次，直至酸层呈无色或浅黄色，且检验无噻吩为止。再分别依次用水、10% 碳酸钠溶液、水洗涤，无水氯化钙干燥，蒸馏，收集 80 ℃馏分备用。若要高度干燥的苯，可加入钠片去水干燥。纯苯沸点为 80.1 ℃，n_D^{20} 为 1.5011，d_4^{20} 为 0.87865。

七、氯仿

市售的氯仿(三氯甲烷，$CHCl_3$)含有 1%乙醇(乙醇作为稳定剂可以防止氯仿分解为有害的光气)。纯化方法：可将氯仿与其 1/2 体积的水在分液漏斗中振摇五六次，洗去乙醇，将分出的氯仿用无水氯化钙干燥 24 h 再进行蒸馏，收集 60.5～61.5 ℃馏分。纯品应装在棕色瓶内避光保存。氯仿不能用金属钠干燥，否则会发生爆炸。纯氯仿沸点 61.7 为℃，n_D^{20} 为 1.4459，d_4^{20} 为 1.4832。

八、*N*,*N*-二甲基甲酰胺

市售 *N*,*N*-二甲基甲酰胺[$HCON(CH_3)_2$](DMF)中主要杂质是胺、氨、甲醛和水。该化合物与水形成 $HCON(CH_3)_2 \cdot 2H_2O$，在常压蒸馏时部分分解，产生二甲胺和一氧化碳，在酸或碱存在时分解加快。纯化方法：可用无水硫酸镁干燥 24 h，加入固体氢氧化钾振荡干燥，然后减压蒸馏收集 76 ℃/4.79 kPa(36 mmHg)馏分。如果含水较多时，可加入 10%(体积分数)的苯，常压蒸去水和苯后，用无水硫酸镁或氧化钡干燥，再进行减压蒸馏。纯二甲基甲酰胺沸点为 153.0 ℃，n_D^{20} 为 1.4305，d_4^{20} 为 0.9487。

九、二甲亚砜

二甲亚砜(CH_3SOCH_3)(DMSO)为无色、无味、微带苦味的吸湿性液体，是高极性的非质子溶剂。市售一般含水量约 1%。纯化时，可先进行减压蒸馏，然后用 4A 分子筛干燥；也可用氧化钙、氢化钙、氧化钡或无水硫酸钡来搅拌干燥 4～8 h，再减压蒸馏收集 64～65 ℃/ 533 Pa (4 mmHg)馏分。蒸馏时温度不高于 90 ℃，否则会发生歧化反应，生成二甲砜和二甲硫醚。也可用部分结晶的方法纯化。纯二甲亚砜沸点为 189 ℃，n_D^{20} 为 1.4783，d_4^{20} 为 1.0954。

十、二硫化碳

二硫化碳(CS_2)是有毒的化合物，且具有高度的挥发性和易燃性。市售的二硫化碳含有硫化氢、硫黄和硫氧化碳等杂质而有恶臭味。一般有机合成实验中对二硫化碳要求不高，可在普通二硫化碳中加入少量无水氯化钙干燥，然后在水浴中蒸馏。

制备较纯的二硫化碳则需将二硫化碳用 0.5% 高锰酸钾水溶液洗涤三次，除去硫化氢，再加入汞不断振荡除去硫，最后用 2.5% 硫酸汞溶液洗涤，除去所有恶臭(剩余的硫化氢)，再经氯化钙干燥，蒸馏收集。其纯化过程的反应式如下：

$$3H_2S + 2KMnO_4 \longrightarrow 2MnO_2 + 3S + 2H_2O + 2KOH$$

$$Hg + S \longrightarrow HgS$$

纯二硫化碳沸点为 46.25 ℃，n_D^{20} 为 1.63189，d_4^{20} 为 1.2661。

十一、四氢呋喃

四氢呋喃(C_4H_8O)是具有乙醚气味的无色透明液体，市售四氢呋喃常含有少量水分及过氧化物。四氢呋喃中的过氧化物可用酸化的碘化钾溶液来检验，如有过氧化物存在，则会立即出现游离碘的颜色，这时可加入 0.3% 的氯化亚铜，加热回流 30 min，蒸馏以除去过氧化物(也可以加硫酸亚铁处理，或让其通过活性氧化铝除去过氧化物)。如要制得无水四氢呋喃，可与氢化铝锂在氮气氛下回流(通常 1000 mL 需 2～4 g 氢化铝锂)除去水和过氧化物，然后在常压下蒸馏，收集 67 ℃的馏分。精制后的四氢呋喃可加入钠丝在氮气气氛中保存，如需较久放置，应加 0.025% 4-甲基-2,6-二叔丁基苯酚作抗氧剂。纯四氢呋喃沸点为 67 ℃，n_D^{20} 为 1.4050，d_4^{20} 为 0.8892。

十二、1,2-二氯乙烷

1,2-二氯乙烷($ClCH_2CH_2Cl$)为无色油状液体,有芳香味,与水形成共沸物(沸点为72 ℃,其中含 18.5%的水),可与乙醇、乙醚、氯仿等相混溶。是重结晶和萃取时常用溶剂。一般纯化可依次用浓硫酸、水、稀碱溶液和水洗涤,用无水氯化钙干燥或加入五氧化二磷,加热回流 12 h,常压蒸馏即可。纯 1,2-二氯乙烷沸点为 83.4 ℃,n_D^{20} 为 1.4448,d_4^{20} 为 1.2531。

十三、二氯甲烷

二氯甲烷(CH_2Cl_2)为无色挥发性液体,微溶于水,能与醇、醚混溶。它可以代替醚做萃取溶剂用。二氯甲烷的纯化可用浓硫酸振荡数次,直到酸层无色为止。水洗后,用 5% 碳酸钠洗涤,然后用水洗。以无水氯化钙干燥、蒸馏,收集 39.5~41 ℃的馏分。二氯甲烷不能用金属钠干燥,因其易发生爆炸。同时注意不要在空气中久置,以免氧化,应置于棕色瓶中避光储存。纯二氯甲烷沸点为 39.7 ℃,n_D^{20} 为 1.4241,d_4^{20} 为 1.3167。

十四、二氧六环

二氧六环(1,4-二噁烷)[$O(CH_2CH_2)_2O$]能与水任意混合,常含有少量二乙醇缩醛与水,久储的二氧六环可能含有过氧化物(加入氯化亚锡回流除去)。二氧六环的纯化方法:在 500 mL 二氧六环中加入 8 mL 浓盐酸和 50 mL 水的溶液,回流 6~10 h,在回流过程中,慢慢通入氮气以除去生成的乙醛。冷却后,加入固体氢氧化钾,直到不能再溶解为止,分去水层,再用固体氢氧化钾干燥 24 h。然后过滤,加入金属钠加热回流 8~12 h,最后加入金属钠蒸馏,加钠丝密封保存。精制过的二氧六环应当避免与空气接触。纯二氧六环沸点为 101.5 ℃,n_D^{20} 为 1.4424,d_4^{20} 为 1.0336。

十五、四氯化碳

市售四氯化碳(CCl_4)含 4% 二硫化碳和微量乙醇。微溶于水,可与乙醇、乙醚、氯仿及石油醚等混溶。纯化时,可将 1000 mL 四氯化碳与 60 g 氢氧化钾溶于 60 mL 水和 100 mL 乙醇的混合溶液,在 50~60 ℃时振摇 30 min,然后水洗,再将此四氯化碳按上述方法重复操作一次(氢氧化钾的用量减半),最后将四氯化碳用氯化钙干燥,过滤,蒸馏。不能用金属钠干燥,因有爆炸危险。纯四氯化碳沸点为 76.8 ℃,n_D^{20} 为 1.4603,d_4^{20} 为 1.595。

十六、甲苯

甲苯($C_6H_5CH_3$)不溶于水,可混溶于苯、醇、醚等多数有机溶剂。甲苯中含甲基噻吩,处理方法与苯相同。因为甲苯比苯更易磺化,用浓硫酸洗涤时温度应控制在 30 ℃以下。纯甲苯沸点为 110.6 ℃,n_D^{20} 为 1.44969,d_4^{20} 为 0.8669。

十七、正己烷

正己烷(C_6H_{14})含有一定量的苯和其他烃类,用下述方法进行纯化:加入少量的发烟硫酸进行振摇,分出酸,再加发烟硫酸振摇。如此反复,直至酸的颜色呈淡黄色。依次再用浓硫酸、水、2% 氢氧化钠溶液洗涤,再用水洗涤,用氢氧化钾干燥后蒸馏。纯正己烷沸点为 68.7℃,n_D^{20} 为 1.3748,d_4^{20} 为 0.6593。

十八、乙酸

将市售的乙酸(CH_3COOH)在 4 ℃下慢慢结晶，并在冷却下迅速过滤，压干。少量的水可用五氧化二磷回流干燥除去。纯乙酸沸点为 117.9 ℃，n_D^{20} 为 1.3716，d_4^{20} 为 1.0492。

附录 3　常见有机化合物的物理常数

试剂名称	沸点/℃	熔点/℃	折光率(n_D^{20})	相对密度(d_4^{20})
无水乙醇	78.5	−117.3	1.3611	0.7893
无水甲醇	65.15	−93.9	1.3288	0.7914
苯	80.1	5.5	1.5011	0.8765
甲苯	110.6	−95	1.4961	0.8669
硝基苯	210.8	5.7	1.5562	1.2037
萘	217.9	80.5	—	1.1623
环己烷	80.7	6.5	1.4262	0.7785
乙烯	−103.7	−169.2	—	0.5699(−103.7 ℃)
乙炔	−84.0	−80.8	—	0.6181(−82 ℃)
异丙醇	82.5	−89.5	0.3772	0.7854
正丙醇	97.2	−126.5	1.3850	0.8035
正丁醇	117.3	−89.5	1.3993	0.8098
异丁醇	108.1	−108	1.3968	0.8018
仲丁醇	99.5	−114.7	1.3978	0.8063
叔丁醇	82.5	25.5	1.3878	0.7887
环己醇	161.1	25.1	1.4641	0.9624
苯甲醇	205.2	−15.3	1.5396	1.0419
甘油	290	20	1.4746	1.2613
三苯甲醇	380	162.5	—	1.199
苯酚	181.8	43	—	1.0576
对苯二酚	285	170.5	—	1.328
乙醚	34.51	−116.2	1.3526	0.7138
正丁醚	142.2	−95.3	1.3992	0.7689
甲基叔丁基醚	55.2	−109	1.3690	0.7405
苯乙醚	172	−29.5	1.5076	0.9702
甲醛	−21	−92	1.3755	0.815^{-20}
乙醛	20.8	−121	1.3361	0.7834^{18}

续表

试剂名称	沸点/℃	熔点/℃	折光率(n_D^{20})	相对密度(d_4^{20})
正丁醛	75.7	−99	1.3843	0.817
苯甲醛	178.1	−26	1.5463	1.0415
丙酮	56.2	−94.8	1.3588	0.7899
环己酮	155.6	−16.4	1.4507	0.9478
苯乙酮	202.2	20.5	1.5372	1.0281
四氢呋喃	66	−108.6	1.4071	0.8892
呋喃甲醛	161.7	−38.7	1.5261	1.1594
呋喃甲醇	171(100 kPa)	−14.6	1.4868	1.1285
呋喃甲酸	230	133	—	—
二氧六环	101.5	12	1.4224	1.0336
环氧乙烷	10.7	−111.3	1.3579	0.8694
乙酸	117.9	16.6	1.3716	1.0415
甲酸	100.8	8.4	1.3714	1.220
丁酸	162.5	−7.9	1.3984	0.959
水杨酸	211(2.67 kPa)	159	1.565	1.443
乙酰水杨酸	—	135	—	1.35
肉桂酸	300	133	—	1.245
草酸	—	189.5(分解)	1.540	1.900
丁二酸	235(分解)	185	—	1.572
乙酰氯	50.9	−112	1.3898	1.105
乙酸酐	139.6	−73.1	1.3901	1.0828
苯甲酰氯	197.2	−1.0	1.5537	1.2120
丁二酸酐	261	119.6	—	1.2340
乙酸乙酯	77	−83.6	1.3723	0.9006
乙酸正丁酯	126.5	−77.9	1.3914	0.8825
乙酸异戊酯	142	−78.5	1.4003	0.876
二氯甲烷	39.7	−95.1	1.4242	1.3167
三氯甲烷	61.2	−63.5	1.4459	1.4832
四氯化碳	76.8	−23	1.4601	1.5940
碘乙烷	72.3	−108	1.5133	1.9358
1,2-二氯乙烷	83.4	−35.4	1.4448	1.2569
氯苯	132.2	−45.6	1.5241	1.1058
溴苯	156.4	−30.8	1.5597	1.4950
三乙胺	89.3	−114.7	1.4010	0.7275

续表

试剂名称	沸点/℃	熔点/℃	折光率(n_D^{20})	相对密度(d_4^{20})
甲酰胺	210.5(分解)	2.5	1.4475	1.1333
苯胺	184.1	−6.3	1.5863	1.0217
对硝基苯胺	331.7	148.5	—	1.424
N-甲基苯胺	196.3	−57	1.5684	0.9891
N,*N*-二甲基甲酰胺	153	−60.5	1.4304	0.9487
乙酰胺	221.2	82.3	1.4278	1.159
乙酰苯胺	304	114.3	—	1.2105
尿素	分解	132.7	1.484	1.335
2,4-二硝基苯肼	分解	198	—	—
二甲亚砜	189	18.5	1.4783	1.0954

注:(1) 折光率:如未特别说明,一般表示为n_D^{20},即以钠光灯为光源,20 ℃时所测得的 n 值。

(2) 相对密度:如未特别说明,一般表示d_4^{20},即表示物质在 20 ℃时相对于 4 ℃时水的密度,气体的相对密度表示对空气的相对密度。

(3) 沸点:如未注明压力,一般指常压(101.325 kPa)下的沸点。

附录 4　相对原子质量表(1995 年国际相对原子质量)

元素	符号	相对原子质量	元素	符号	相对原子质量	元素	符号	相对原子质量	元素	符号	相对原子质量
锕	Ac	227.0	溴	Br	79.90	铒	Er	167.3	汞	Hg	200.5
银	Ag	107.9	碳	C	12.01	锿	Es	252.1	钬	Ho	164.9
铝	Al	26.98	钙	Ca	40.08	铕	Eu	152.0	碘	I	126.9
镅	Am	243.1	镉	Cd	112.4	氟	F	19.00	铟	In	114.8
氩	Ar	39.95	铈	Ce	140.1	铁	Fe	55.85	铱	Ir	192.2
砷	As	74.92	锎	Cf	252.1	镄	Fm	257.1	钾	K	39.10
砹	At	210.0	氯	Cl	35.45	钫	Fr	223.0	氪	Kr	83.30
金	Au	197.0	锔	Cm	247.1	镓	Ga	69.72	镧	La	138.9
硼	B	10.81	钴	Co	58.93	钆	Gd	157.2	锂	Li	6.941
钡	Ba	137.3	铬	Cr	52.00	锗	Ge	72.59	铹	Lr	260.1
铍	Be	9.012	铯	Cs	132.9	氢	H	1.008	镥	Lu	175.0
铋	Bi	209.0	铜	Cu	63.55	氦	He	4.003	钔	Md	256.1
锫	Bk	247.1	镝	Dy	162.5	铪	Hf	178.5	镁	Mg	24.31

续表

元素	符号	相对原子质量	元素	符号	相对原子质量	元素	符号	相对原子质量	元素	符号	相对原子质量
锰	Mn	54.94	镤	Pa	231.0	钌	Ru	101.1	钍	Th	232.0
钼	Mo	95.94	铅	Pb	207.2	硫	S	32.06	钛	Ti	47.88
氮	N	14.01	钯	Pd	106.4	锑	Sb	121.8	铊	Tl	204.4
钠	Na	22.99	钷	Pm	144.9	钪	Sc	44.96	铥	Tm	168.9
铌	Nb	92.91	钋	Po	210.0	硒	Se	78.96	铀	U	238.0
钕	Nd	144.2	镨	Pr	140.9	硅	Si	28.09	钒	V	50.94
氖	Ne	20.18	铂	Pt	195.1	钐	Sm	150.4	钨	W	183.9
镍	Ni	58.69	钚	Pu	239.1	锡	Sn	118.7	氙	Xe	131.2
锘	No	259.1	镭	Ra	226.0	锶	Sr	87.62	钇	Y	88.91
镎	Np	237.1	铷	Rb	35.47	钽	Ta	180.9	镱	Yb	173.0
氧	O	16.00	铼	Re	186.2	铽	Tb	158.9	锌	Zn	65.38
锇	Os	190.2	铑	Rh	102.9	锝	Tc	98.91	锆	Zr	91.22
磷	P	30.97	氡	Rn	222.0	碲	Te	127.6			

附录 5　水的饱和蒸气压表(0～100 ℃)

温度/℃	蒸气压/kPa	温度/℃	蒸气压/kPa	温度/℃	蒸气压/kPa	温度/℃	蒸气压/kPa
0	0.61	15	1.70	30	4.23	85	57.67
1	0.65	16	1.81	31	4.48	90	69.93
2	0.70	17	1.93	32	4.74	91	72.62
3	0.76	18	2.06	33	5.02	92	75.41
4	0.81	19	2.19	34	5.31	93	78.29
5	0.87	20	2.33	35	5.61	94	81.25
6	0.93	21	2.48	40	7.36	95	84.31
7	1.00	22	2.64	45	9.56	96	87.46
8	1.07	23	2.80	50	12.70	97	90.72
9	1.16	24	2.98	55	15.70	98	94.07
10	1.22	25	3.16	60	19.87	99	97.52
11	1.31	26	3.35	65	24.94	100	101.08
12	1.40	27	3.56	70	31.08		
13	1.49	28	3.77	75	38.45		
14	1.59	29	4.00	80	47.23		

附录 6　常用有机溶剂在水中的溶解度

溶剂名称	温度/℃	水中溶解度/%	溶剂名称	温度/℃	水中溶解度/%
正庚烷	15	0.005	硝基苯	15	0.18
二甲苯	20	0.011	氯仿	20	0.81
正己烷	15	0.014	二氯乙烷	15	0.86
甲苯	10	0.048	正戊醇	20	2.60
氯苯	30	0.049	异戊醇	18	2.75
四氯化碳	15	0.077	正丁醇	20	7.81
二硫化碳	15	0.120	异丁醇	20	8.50
乙酸戊酯	20	0.170	乙醚	15	7.83
乙酸异戊酯	20	0.170	乙酸乙酯	15	8.30
苯	20	0.175			

附录 7　常见的二元共沸混合物

组分		共沸温度/℃	共沸物质量分数/%	
A	B		A	B
水	苯	69.3	9	91
	甲苯	84.1	19.6	80.4
	氯仿	56.1	2.8	97.2
	乙醇	78.2	4.5	95.5
	丁醇	92.4	38	62
	异丁醇	90.0	33.2	66.8
	仲丁醇	88.5	32.1	67.9
	叔丁醇	79.9	11.7	88.3
	烯丙醇	88.2	27.1	72.9
	苄醇	99.9	91	9
	乙醚	110	79.76	20.24
	二氧六环	87	20	80
	四氯化碳	66	4.1	95.9
	丁醛	68	9	94
	三聚乙醛	91.4	30	70
	甲酸	107.3	22.5	77.5
	乙酸乙酯	70.4	8.2	91.8
	苯甲酸乙酯	99.4	84	16

续表

组分		共沸温度/℃	共沸物质量分数/%	
A	B		A	B
乙醇	苯	68.2	32	68
	氯仿	59.4	7	93
	四氯化碳	64.9	16	84
	乙酸乙酯	72	30	70
丙酮	二硫化碳	39.2	34	66
	氯仿	65.5	20	80
	异丙醚	54.2	61	39
甲醇	四氯化碳	55.7	21	79
	苯	58.3	39	61
乙酸乙酯	四氯化碳	74.8	43	57
	二硫化碳	46.1	7.3	92.7
正己烷	苯	68.8	95	5
	氯仿	60.0	28	72
环己烷	苯	77.8	45	55

附录 8　常见的三元共沸混合物

组分			共沸温度/℃	共沸物质量分数/%		
A	B	C		A	B	C
水	乙醇	乙酸乙酯	70.3	7.8	9.0	83.2
		四氯化碳	61.8	4.3	9.7	86.0
		苯	64.9	7.4	18.5	74.1
		环己烷	62.1	7.0	17.0	76.0
		氯仿	55.6	3.5	4.0	92.5
	正丁醇	乙酸乙酯	90.7	29.0	8.0	63.0
	异丙醇	苯	66.5	7.5	18.7	73.8
	二硫化碳	丙酮	38.0	0.8	75.2	24.0

附录 9　常见化学物质毒性和易燃性

化学物质	急性毒性(大鼠 LD_{50})	闪点 t / ℃	爆炸极限 (体积分数) / %	MAK /(mg/m^3)	TLV /(mg/m^3)
一氧化碳	狗 40 (LD_{100}, p. i.)		12.5～74	55	55
乙腈	200～453.2 (or)	6	4～6	70	70

续表

化学物质	急性毒性(大鼠 LD_{50})	闪点 t / ℃	爆炸极限(体积分数) / %	MAK /(mg/m^3)	TLV /(mg/m^3)
乙炔	947 (LD_{100}, p. i.)		3～82		1000
乙醛	1930(口服), LD_{50} 36	−38	4～57	100	180
乙醇	13660 (or), 60 (p. i.)	12	3.3～19	1000	1900
乙醚	300 (p. i.)	−45	1.85～48	500	400
乙二胺	1160 (or)	43		30	25
乙二醇	7330 (or)	111			260
正丁醇	4360 (or)	29	1.4～11	200	
仲丁醇	6480 (or)	24	1.7～9.8		450
叔丁醇	3500 (or)	10	2.4～8		300
二氯甲烷	1600 (or)			1750	1740
二氯乙烷	680 (or)	13	6.2～15.9	400	200
二甲烷	2000～4300 (or)	29(间)	1.0～7.0	870	435
二硫化碳	1200(or)	−3	1～44	30	60
二氧化硫				13	13
二氧化硒				0.1	0.2
二甘醇	16980 (or)	124			
二甲基甲酰胺	3700 (or)	58	2.2～15.2	60	30
2,4-二硝基苯酚	30 (or)			1	
二氧六环	600 (or), 20 (p. i.)	12	2～22.2	200	360
三氧化二砷	138 (or)			0.5	0.5
三氯化磷				3	0.5
三乙胺	460 (or)	<−7	1.2～8.0		100
丙酮	9750 (or), 300 (p. i.)	−18	3～13	2400	2400
丙烯腈	90 (or)	0	3～17	45	45
丙烯醛	46 (or)	−26	3～31	0.5	0.25
正丙醇	1870 (or)	25	2.1～13.5	200	500
异丙醇	5840 (or), 40 (p. i.)	12	2.3～12.7	800	
甲苯	1000 (or)	4.4	1.4～6.7	750	375
正戊烷		−49	1.45～8.0	2950	2950
甲酚(各异构体)	邻 1350 (or), 对 1800 (or), 间 2020 (or)	94(邻、对)	1.06～1.40	22	22
甲醛	800 (or), 1 (p. i.)		7～73	5	3
甲醇	12880 (or), 200 (p. i.)	12	6～36.5	50	9
甲酸		69	18～57	9	9

续表

化学物质	急性毒性(大鼠 LD_{50})	闪点 t / ℃	爆炸极限(体积分数) / %	MAK /(mg/m³)	TLV /(mg/m³)
四氯化碳	7500 (or),150 (p. i.),1280(小鼠经口)			50	65
四氢呋喃	65 (p. i.)(小鼠)	−14	2～11.8	200	590
石油醚		−57,22	1～6		500
光气	0.2 (p. i.),LCt_{50},3200 mg/m³,分钟(对人)			0.5	0.4
苄醇	3100 (or)				
苄基氯		67	1.1～	5	5
环己烷	5500 (or)	−6		1400	1050
环己酮	2000 (or)	44	1.1～8.1	200	200
环氧乙烷	330 (or)	<−18	3～100	90	90
汞	20 ～100 (or)			0.1	0.1
吡啶	1580 (or),12	20	1.8～12.4	10	15
奎宁	500 (or)				
肼(联氨)	200 (p. i.)			0.1	1.3
苯	5700 (or),51 (p. i.)	−11	1.4～8	50	80
苯胺	200 (or,LD_{100})(猫)	70	1.3	19	19
苯酚	530 (or)	79	1.5～	20	19
苯肼	500 (or,LD_{100})(兔)	89		15	22
对苯二胺	250 (or)	156		0.1	
苯基羟氨	20 (or)(兔)				
苯乙酮	900～3000 (or)				
苯腈	316(小鼠、腹腔)				
氟乙酸	2.5 (or)			0.2	
哌啶	540 (or)	16			
氢醌	320 (or)	165			2
臭氧				0.2	0.2
重氮甲烷	剧毒				0.4
氨	250 (or,LD_{100})(猫)			50	18
烯丙醇	64 (or),0.6 (p. i.)	21	3～18	5	3
喹啉	460 (or)				
异喹啉	350 (or)				
萘		79	0.9～5.9	50	50
α-和β-萘酚	150 (or,LD_{100})(猫)				
氯	1 (p. i.)			3	3

续表

化学物质	急性毒性(大鼠 LD_{50})	闪点 t / ℃	爆炸极限(体积分数) / %	MAK /(mg/m^3)	TLV /(mg/m^3)
氯化汞	37 (or)				
氯乙酸	76 (or)				
氯仿	2180 (or)			200	240
氯苯	2910 (or)	29	1.3～7.1	230	350
2-氯乙醇	95 (or),0.1 (p.i.)	60	4.9～15.9	16	16
氰化钾	10 (or),0.2 (p.i.)				
氰化氢	LCt_{100},5000 mg/m^3,分钟(对人)			11	11
硝基苯	500 (or)	35	7.3	5	5
硫酸二甲酯	440 (or)	83		5	15
硫酸二乙酯	800 (or)				
硫化氢	1.5 (p.i., LD_{100})			25	
氯化氢	2～4 (p.i., LD_{100})(猫)			10	7
溴化氢				17	10
溴				0.7	0.7
溴甲烷	20 (p.i., LD_{100})			50	60
碘甲烷	101(空腹)				28
乙酸	3300 (or)	43	4～16	25	25
乙酸酐	1780 (or)	54	3～10	20	20
乙酸丁酯		27	1.4～7.6	950	710
乙酸乙酯	5620 (or)	−4.4	2.18～9	1400	1400
乙酸戊酯		25	1～7.5	1050	525
聚乙二醇	29000 (or)				
聚丙二醇	2900 (or)				
氢醌	320 (or)	165			2
聚丙二醇	2900 (or)				
叠氮化钠	50 (or,LD_{100}),37.4(小鼠,or)				

注:LD_{50}为半致死浓度;LD_{100}为绝对(100%)致死浓度。

LCt_{50}表示能使50%人员死亡的浓时积,称为半致死浓时积。

LCt_{100}表示能使100%人员死亡的浓时积,称为绝对致死浓时积。

MAK 为德国采用的车间空气中化学物质的最高容许浓度。

TLV 为1973年美国采用的车间空气中化学物质的阈限值。

p.i. 为每次吸入(数字表示 mg/m^3 空气),无特别注明者所用实验动物皆为大鼠;or 为经口(mg/kg)。

附录 10　相对急性毒性标准

级别	LD_{50}（大鼠经口）/(mg/kg)	LD_{50}（大鼠吸入）/(mg/kg)	LD_{50}皮肤吸收（兔）/(mg/kg)	说明
0	5000 以上	10000 以上	2800 以上	无明显毒害
1	500～5000	1000～10000	340～2800	低毒
2	50～500	100～1000	43～340	中等毒害
3	1～50	10～100	5～34	高等毒害
4	1 以下	10 以下	5 以下	剧毒

附录 11　常用试剂的配制

试剂	浓度	配制方法
$BiCl_3$	0.1 mol/L	溶解 31.6 g $BiCl_3$ 于 330 mL 6 mol/L 的 HCl 中，加水稀释至 1 L
$SbCl_3$	0.1 mol/L	溶解 22.8 g $SbCl_3$ 于 330 mL 6 mol/L 的 HCl 中，加水稀释至 1 L
$SnCl_2$	0.1 mol/L	溶解 22.6 g $SnCl_2 \cdot 2H_2O$ 于 330 mL 6 mol/L 的 HCl 中，加水稀释至 1 L，并加入数粒纯 Sn，以防氧化
$Hg(NO_3)_2$	0.1 mol/L	溶解 33.4 g $Hg(NO_3)_2 \cdot 1/2H_2O$ 于 1 L 0.6 mol/L 的 HNO_3 中
$Hg_2(NO_3)_2$	0.1 mol/L	溶解 56.1 g $Hg_2(NO_3)_2 \cdot 2H_2O$ 于 1 L 0.6 mol/L 的 HNO_3 中，并加入少许金属汞
$(NH_4)_2CO_3$	1 mol/L	溶解 95 g 研细的 $(NH_4)_2CO_3$ 于 1 L 2 mol/L 的 $NH_3 \cdot H_2O$ 中
$(NH_4)_2SO_4$	饱和	溶解 50 g $(NH_4)_2SO_4$ 于 100 mL 的热水中，冷却后过滤
$FeSO_4$	0.5 mol/L	溶解 69.5 g $FeSO_4 \cdot 7H_2O$ 于适量水中，加入 5 mL 18 mol/L 的 H_2SO_4，再用水稀释至 1 L，并置入小铁钉数枚
$FeCl_3$	0.5 mol/L	称取 135.2 g $FeCl_3 \cdot 6H_2O$ 溶于 100 mL 6 mol/L 的 HCl 中，加水稀释至 1 L
$CrCl_3$	0.1 mol/L	称取 26.7 g $CrCl_3 \cdot 6H_2O$ 溶于 30 mL 6 mol/L 的 HCl 中，稀释至 1 L
KI	10%	溶解 100 g KI 于 1 L 水中，储存于棕色瓶中
KNO_3	1%	溶解 10 g KNO_3 于 1 L 水中
Na_2S	2 mol/L	溶解 240 g $Na_2S \cdot 9H_2O$ 和 40 g NaOH 于水中，稀释至 1 L
乙酸铀酰锌		(1)10 g $UO_2(Ac)_2 \cdot 2H_2O$ 和 6 mL 6 mol/L HAc 溶于 50 mL 水中；(2)30 g $Zn(Ac)_2 \cdot 2H_2O$ 和 3 mL 6 mol/L HCl 溶于 50 mL 水中；(3)将(1)、(2)两种溶液混合，24 h 后取清液即可使用
丁二酮肟		1 g 丁二酮肟溶于 100 mL 95% 的乙醇中
盐桥	3%	用饱和 KCl 水溶液配制 3% 琼脂胶，再加热至溶即可
氯水		在水中通入氯气直至饱和即可（现配现用）
碘液	0.01 mol/L	溶解 1.3 g I_2 和 5 g KI 于尽可能少的水中，再加水稀释至 1 L

续表

试剂	浓度	配制方法
$Na_3[CO(NO_2)_6]$		溶解 230 g $NaNO_2$ 于 500 mL 水中，加入 165 mL 6 mol/L HAc 和 30 g $CO(NO_2)_2 \cdot 6H_2O$，放置 24 h 后取清液，加水稀释至 1 L，并保存在棕色瓶中。此溶液应呈橙色，若其变成红色，则表示已分解，应重新配制
溴水		在水中滴入液溴至饱和
$(NH_4)_6Mo_7O_{24}$	0.1 mol/L	溶解 124 g $(NH_4)_6Mo_7O_{24} \cdot 4H_2O$ 于 1 L 水中，将所得溶液倒入 1 L 6 mol/L 的 HNO_3 中，放置 24 h，取其澄清液
$(NH_4)_2S$	3 mol/L	取一定量的 $NH_3 \cdot H_2O$，将其均分为两份，向其中一份通 H_2S 至饱和，而后与另一份 $NH_3 \cdot H_2O$ 混合
$K_3[Fe(CN)_6]$		取 $K_3[Fe(CN)_6]$ 0.7～1 g 溶解于水中，稀释至 100 mL(现配现用)
铬黑 T		将铬黑 T 和烘干的 NaCl 按 1∶100 的比例研细，均匀混合，储存在棕色瓶中备用
二苯胺		将 1 g 二苯胺在搅拌下溶于 100 mL 密度为 1.84 g/mL 的 H_2SO_4 或 100 mL 密度为 1.70 g/mL 的 H_3PO_4 中(可保存较长时间)
镁试剂		溶解 0.01 g 镁试剂于 1 L 1 mol/L 的 NaOH 溶液中
钙指示剂		0.2 g 钙指示剂溶于 100 mL 水中
铝试剂		1 g 铝试剂溶于 1 L 水中
Mg-NH_4^+ 试剂		将 100 g $MgCl_2 \cdot 6H_2O$ 和 100 g NH_4Cl 溶于水中，加 50 mL 浓 $NH_3 \cdot H_2O$，加水稀释至 1 L
萘氏试剂		溶解 115 g HgI_2 和 80 g KI 于水中，稀释至 500 mL，加入 500 mL 6 mol/L 的 NaOH 溶液，静置后取其清液，保存在棕色瓶中
格里斯试剂		(1) 在加热下溶解 0.5 g 对氨基苯磺酸于 50 mL 30 % 的 HAc 中，并于暗处保存；(2) 将 0.4 g α-萘胺与 100 mL 水混合煮沸，再向从蓝色渣滓中倾泻出的无色溶液中加入 6 mL 80% 的 HAc；使用前将(1)、(2)两溶液等体积混合即可
打萨宗(二苯缩氨基硫脲)		溶解 0.1 g 打萨宗于 1 L CCl_4 或 $CHCl_3$ 中
对氨基苯磺酸	0.34 mol/L	将 0.5 g 对氨基苯磺酸溶于 150 mL 2 mol/L HAc 溶液中
α-萘胺	0.12 mol/L	0.3 g α-萘胺加 20 mL 水加热煮沸，在所得的溶液中加入 150 mL 2 mol/L HAc 即可
淀粉溶液	1%	将 1 g 淀粉和少量冷水调成糊状，倒入 100 mL 沸水中，煮沸后冷却即可
费林溶液		费林甲液：将 34.64 g $CuSO_4 \cdot H_2O$ 溶于水中，稀释至 500 mL 费林乙液：将 173 g 四水酒石酸钾钠和 50 g NaOH 溶于水中，稀释至 500 mL 使用时将费林甲液和费林乙液等体积混合即可
2,4-二硝基苯肼		将 0.25 g 2,4-二硝基苯肼溶于 HCl 溶液中(42 mL 浓 HCl 加 50 mL H_2O)，加热溶解，冷却后稀释至 250 mL 即可
米隆试剂		将 2 g (0.15 mL) Hg 溶于 3 mL 浓 HNO_3 中，稀释至 10 mL
苯肼试剂		(1)溶 4 mL 苯肼于 4 mL 冰醋酸，加水 36 mL，再加入 0.5 g 活性炭脱色，装入棕色瓶中，防止皮肤接触，如接触应先用 5% 的 HAc 冲洗，再用肥皂洗；(2)5 g 盐酸苯肼于 100 mL 水中，必要时可微热助溶，如果溶液呈深蓝色，加活性炭共热过滤，然后加入 9 g NaAc 晶体(或相应量的无水 NaAc)，搅拌使其溶解，并储存于棕色瓶中。 此试剂中，盐酸苯肼与 NaAc 经复分解反应生成苯肼乙酸盐，后者是弱酸与弱碱形成的盐，在水溶液中易经水解作用，与苯肼建立平衡。如果苯肼试剂久置变质，可改将 2 份盐酸苯肼与 3 份 NaAc 晶体混合研匀后，临用时取适量混合物，溶于水便可使用

续表

试剂	浓度	配制方法
$CuCl-NH_3$液		(1) 5 g CuCl 溶于 100 mL 浓 $NH_3 \cdot H_2O$,用水稀释至 250 mL;过滤,除去不溶性杂质;温热滤液,慢慢加入盐酸羟氨,直至蓝色消失;(2) 1 g CuCl 置于一支大试管中,加 1～2 mL 浓 $NH_3 \cdot H_2O$ 和 10 mL 水,用力摇动后静置,倾出溶液并加入一根铜丝即可
C_6H_5OH 溶液		50 g C_6H_5OH 溶于 500 mL 5% NaOH 溶液中
β-萘酚		50 g β-萘酚溶于 500 mL 5% NaOH 溶液中
蛋白质溶液		25 mL 蛋清,加入 100～150 mL 蒸馏水,搅拌混匀后,用 3～4 层纱布过滤
α-萘酚乙醇溶液		10 g α-萘酚溶于 100 mL 95%乙醇中,再用 95% 乙醇稀释至 500 mL,储存于棕色瓶中,一般使用时配制
茚三酮乙醇溶液	0.1%	0.4 g 茚三酮溶于 500 mL 95%乙醇中,用时配制

附录 12　危险药品的分类、性质和管理

类别		举例	性质	注意事项
爆炸品		硝酸铵、苦味酸、三硝基甲苯	遇高热摩擦、撞击等,引起剧烈反应,放出大量气体和热量,产生剧烈爆炸	存放在阴凉、低处;轻拿轻放
易燃品	液体	丙酮、乙醚、甲醇、乙醇、苯等有机溶剂	沸点低、易挥发,遇火则燃烧,甚至引起爆炸	存放于阴凉处,远离热源;使用时注意通风,不得有明火
	固体	红磷、硫、萘、硝化纤维	沸点低,受热、摩擦、撞击或遇氧化剂可引起剧烈连续燃烧、爆炸	存放于阴凉处,远离热源;使用时注意通风,不得有明火
	气体	氢气、乙炔、甲烷	因撞击、受热引起燃烧,与空气按一定比例混合则会爆炸	使用时注意通风,如为钢瓶气,不得在实验室存放
	遇水易燃品	钠、钾	遇水剧烈反应,产生可燃气体并放出热量,此反应热会引起燃烧	保存于煤油中,切勿与水接触
	自燃物	白磷	在适当温度下被空气氧化、放热,达到燃点而引起自燃	保存于水中
氧化剂		硝酸钾、氯酸钾、过氧化氢、过氧化钠、高锰酸钾	具有强氧化性,遇酸、受热,与有机物、易燃品、还原剂等混合时,因反应引起燃烧或爆炸	不得与易燃品、爆炸品、还原剂等一起存放

续表

类别	举例	性质	注意事项
剧毒品	氰化钾、三氧化二砷、升汞、氯化钡、六六六	剧毒，少量侵入人体（误食或接触伤口）导致中毒甚至死亡	专人、专柜保管，现用现领，用后的剩余物，不论是固体或液体都应交回保管人，并应设有使用登记制度
腐蚀性药品	强酸、氟化氢、强碱、溴、酚	具有强腐蚀性，触及物品造成腐蚀、破坏，触及人体皮肤引起化学烧伤	不要与氧化剂、易燃品、爆炸品放在一起

附录 13　常用酸、碱的浓度

试剂名称	密度/(g/cm³)	质量分数/%	物质的量浓度/(mol/L)	试剂名称	密度/(g/cm³)	质量分数/%	物质的量浓度/(mol/L)
浓 H_2SO_4	1.84	98	18	浓 H_3PO_4	1.7	85	14.7
稀 H_2SO_4		9	2	稀 H_3PO_4	1.05	9	1
浓 HCl	1.19	38	12	浓 $HClO_4$	1.67	70	11.6
稀 HCl		7	2	稀 $HClO_4$	1.12	19	2
浓 HNO_3	1.41	68	16	浓 HF	1.13	40	23
稀 HNO_3	1.2	32	6	浓 NaOH	1.44	~41	~14.4
稀 HNO_3		12	2	稀 NaOH		8	2
HBr	1.38	40	7	浓 $NH_3 \cdot H_2O$	0.91	~28	14.8
HI	1.70	57	7.5	稀 $NH_3 \cdot H_2O$		3.5	2
冰醋酸	1.05	99	17.5	$Ca(OH)_2$水溶液		0.15	
稀 HAc	1.04	30	5	$Ba(OH)_2$水溶液		2	~0.1
稀 HAc		12	2				

附录 14　常用洗涤剂

洗涤剂名称	配制方法	适用范围
铬酸洗液	将 5 g $K_2Cr_2O_7$尽可能地溶于 5 mL 水中，边搅拌边缓慢加入 100 mL 浓 H_2SO_4，待冷却后转移到试剂瓶中备用	广泛用于玻璃仪器的洗涤，可除去大部分污垢，但对于 MnO_2 之类的除外；具有强的氧化性和腐蚀性
浓 HCl	工业盐酸	常用于洗去水垢或无机盐沉淀
浓 HNO_3		常用于洗涤除去金属离子
1 mol/L KOH 溶液		主要用于洗去油污及某些有机物

续表

洗涤剂名称	配制方法	适用范围
8 mol/L 尿素洗液	配制 8 mol/L 尿素溶液，用浓盐酸调节 pH 至 1.0 即可	适用于洗涤盛有蛋白质溶液及血样的器皿
NaOH-$KMnO_4$溶液	将 10 g $KMnO_4$ 用少量水溶解，再缓慢加入 100 mL 10% NaOH 溶液，混匀后储存于带橡皮塞的玻璃瓶中备用	适用于除去油污及有机物，洗涤后在器皿上留下 $MnO_2 \cdot nH_2O$ 沉淀，该沉淀可用 HCl-$NaNO_2$ 混合液洗去
5%～10% 磷酸三钠溶液		用于洗涤油污物
0.001 mol/L EDTA 溶液		用于除去塑料容器内壁污染的金属离子
KOH-乙醇溶液	取 2.8 g KOH，加少量乙醇溶解后定容至 100 mL	适用于洗涤被油脂或某些有机物沾污的器皿
HNO_3-乙醇溶液		适用于洗涤油脂或有机物沾污的酸式滴定管，使用时先在滴定管中加入 3 mL 乙醇，沿管壁加入 4 mL 浓硝酸，用小滴帽盖住滴定管，放置一段时间即可
HCl-乙醇溶液	在浓盐酸中加入其两倍体积的乙醇，混匀即可	适用于洗涤染有颜色的有机物的比色皿
二甲苯		可用于洗脱油漆类污垢
丙酮、乙醇、乙醚等有机溶剂		可用于洗脱油脂、溶脂性染料等污痕
HNO_3-HF 溶液	将 50 mL HF、100 mL HNO_3 和 350 mL 水混合，储存于塑料瓶中备用	能有效地去除器皿表面的金属离子，对玻璃器皿表面有腐蚀作用，因此精密玻璃仪器不宜使用
酸性草酸或盐酸羟氨洗液	取 10 g 草酸或 1 g 盐酸羟氨溶于 100 mL 体积比为 1∶1 的 HCl 溶液中即可	适用于洗涤氧化性物质，如沾有 $KMnO_4$、MnO_2、$Fe(OH)_3$等的容器
合成洗涤剂		适用于洗涤油污和某些有机物